U0011869

先斷絕水源，再確實做好防水，
成因、工法、材料、價格全部有解

防漏
除壁癌
終極全書

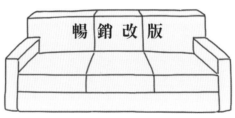

暢銷改版

漂亮家居編輯部著

目錄

👓 水從哪裡來

外來水

1 雨水

在台灣主要是雨水，例如屋頂漏水、外牆漏水，大多是雨水侵入結構及室內造成。

2 地下水

插畫 _ 張小倫

來自降雨、河川、湖泊等滲透進地底下的水，例如地下室漏水，大半是地下水入侵造成。

生活用水

1 給水管

如浴室、廁所、廚房流理臺、陽臺水龍頭等的冷熱水管。

2 排水管

如浴室、廁所、水槽等的排水管、糞管，以及冷氣產生的冷凝水。

3 儲水槽

陽臺或屋頂的小池塘、泳池、魚池，舊式的水塔等。

4 其他容易積水處

盆栽、屋頂或露臺花園造景等。

結露水

結露水可分為結構體外表之結露與結構體內之結露二種，這大多是環境潮濕造成的問題，目前無法根治，只能靠預防和治標防堵的作法改善。

◻◻◻ 壁癌是什麼

1 水泥硬化物劣化產生的白色鹽類附著物

多發生在磚砌牆等透水性較高的牆壁。其原因為因牆體發生透水性漏水，水分分解已硬化之水泥砂漿層，而將其中之鈣、鉀、鎂等鹽類的化學物質析出，當其與空氣中之二氧化碳反應後，會產生的白毛狀結晶體，學術上稱白華現象或析晶，係屬水泥硬化物的劣化現象。

漏水而引發壁體劣化的現象，之所以被稱為「壁癌」，在於它很容易擴散，且不易根治，成為過敏原繁殖環境影響健康，建議在初期且面積不大時處理，並遵守除霉、防水、抗鹼三個步驟，才能有效解決壁癌的問題。

2 壁癌就是反映有漏水或滲水情況

由於水解已硬化的水泥砂漿導致壁體劣化現象為壁癌，表示有壁癌的地方，不是過於潮濕就是漏水了。

一般外來水入侵的漏水，要從建築外側來阻斷滲水的來源，才能徹底做好防水處理；若無法從外面處理，就要從室內著手。例如都會區的五樓磚砌公寓，若四樓住家有壁癌要處理，想要打掉外牆就很難取得整棟公寓住戶的同意，且進行外牆防水工程時，要從一樓搭建鷹架，樓下住戶是否願意也需花時間取得共識。還有，戶外是否有足夠施工的空間，在在都是問題。因此，常常無法從外牆表面來徹底解決壁癌，只好從室內做起。

在已經出現防水漏洞的外牆內側施作防水層，由於外牆還是飽含水分，效果當然沒從外牆表面開始做防水來得徹底，但仍可短期消除壁癌。

刮除壁癌處後，直接上彈性水泥阻絕水氣，之後批土，以砂紙磨過，最後塗上抗霉功能的防水漆，屬於成本比較便宜也好施工的方法，不過當壁癌又再度復發時，就要找專業人員來施作了。

🌢 買屋前檢查是否漏水

1 檢查是否有水漬

觀看屋內的牆角、窗框、對外牆面等容易漏水的地方,是否留有水漬。

2 壁紙是否有色差

若屋內有貼壁紙裝潢,要留意壁紙是否有局部色差或水痕產生。

3 裝潢屋要無漏水證明

要注意若屋內的天花板及牆面,大量使用水泥板、矽酸鈣板或夾板等木作封板包覆,會遮蔽掉壁癌、漏水、鋼筋外露等問題,這也是黑心投資客常用手法,建議這種房子要多多注意,最好請屋主出示無漏水證明。

4 磚縫是否發黑有斑

除了常接觸水源的磁磚面,屋內其他有貼磚的區域,要觀察磁磚縫隙是否有發黑、斑點,也可推斷是否有滲漏水情形。

5 浴廁檢查維修孔

浴室和廁所是經常發生漏水的區域,因此天花板和牆壁要仔細檢查是否有水漬和汙點。一般浴廁多附有維修孔,一定要打開查看天花板內有無滲漏,這樣判斷最準。

6 測試排水管是否順暢

將廚房流理臺、臉盆、廁所地板等的排水管堵住,然後積滿水,最後再將水放掉,就可了解排水是否正常。

7 外牆是否潮濕長苔

建築外牆、陽臺若有水痕、表面材如磁磚剝落,甚至還長青苔或植物,須回到屋內針對這些牆面的室內牆、交接縫隙詳加檢查。

8 下雨時看屋

雨天、甚至颱風天看屋，可觀察雨水是否會從窗戶、牆角等處滲入。

圖片提供 _Nina

💧 根據現象判斷漏水成因

1 不論何時都有滲漏水

初步推測是冷熱水管滲漏。此時，先將水錶開關關上，之後再將室內冷熱水龍頭打開，別讓管路沒水沒壓力，這樣漏水點才會出水。測試時，一般以 48 小時為一次測試的週期，測試期間，若是發現關水後，漏水點不漏了或出水變小，研判是水管漏水了。

2 有時間性滲漏水或水量會變化

可能是排水管、糞管、浴缸或地板裂縫滲水。此時將排水孔堵住，讓水流不下去，之後將水注滿想要的測試區。這個做法測試 2 小時，即可觀察漏水點的水量是否變大或持續不變，若變大應研判為測試區防水地板有裂縫。若出水不變，再將水放掉，接著再看漏水點出水是否變大或持續不變，若變大了，推斷為排水管漏水。

3 只要下雨就會漏

一般是發生在窗戶、外牆、頂樓地板或管道間。

◐ 防水材料簡介

一般室內多用水性防水材，特別是彈性水泥是師傅們最常使用的材質，其他水性防水材易有水解的問題，使用的機率相對不高。至於油性防水材因為內含有揮發性物質，基於人體健康考量，因此較常使用於戶外。

室內居家使用以防水漆為主，再者是防水劑，其他如防水膜、止水條等主要用在室外。防水漆的使用方法較簡易，也因為有多種顏色，可用於防水兼表面塗裝材，由於一般油漆含甲醛有機物質，購買時要選擇不含鉛、汞金屬的綠建材或有環保標章的塗料，否則易對身體產生危害；而防水劑則需與水泥砂漿攪拌，在室內常用於底材，能增加水泥砂漿本身的防水效果，做為結構體的表層防水，建議兩者一起使用，可達到雙重防水的效果。防水膜若於室內施工，需設置通風系統，配戴手套、口罩、眼罩，避免人體接觸到化學品。

種類	說明
防水漆	價格相對低，但耐久性亦不高。
防水膜	耐候與抗腐蝕性，需藉由外層防護處理來加強，如磁磚、砂漿。自黏式防水膜，類似防水毯的鋪設，只是膠黏的材質不同，施工秘訣是要用滾筒緊壓卷材面，以確保防水膜完全黏貼於施工面。 PU 防水膜，材質因為有水解的缺點，因此很怕有積水，優點是施工便利。 PVC 防水膜，屬纖維布的表面處理，用於地鐵、隧道等大工程。 熱熔式的防水膜，如瀝青防水毯，須加熱融解成膠狀產生黏度，待自然乾燥硬化後形成一層黑色防水層，一般適用於局部補修工程，機具笨重且危險、清潔困難、外觀不美觀。
防水劑	常用的防水材料，須與水泥或水泥砂漿以一定比例（1：2～1：3）混合，減少混凝土中的縫隙，增加混泥土的密度，強化水泥砂漿本身的防水力，一般的彈性水泥即屬於這類防水材。市面上販售的防水劑種類甚多，主要有氯化鈣、碳酸類、脂肪酸、石蠟類、聚合物類（如Epoxy，又稱環氧樹脂）等。
止水袋 止水條	通常用於結構上的伸縮縫或是龜裂時的局部補強，是建築上常使用的建材。

💧 防水層的施作位置

1 屋頂

主要施作的位置為樓板的結構體與表面材的鋪面層之間。換句話說,當我們走到屋頂時,腳下所踩的水泥磚塊、泡沫水泥面或是磁磚面,都只是防水層上方的保護層。在建築結構完成後先鋪上防水層,之後再以表面材覆蓋,如此才能加強防水效果並延長防水層的壽命,如果沒有表面材的保護,基本上就是錯誤的設計。此外,在防水層的收頭處,一般在女兒牆及地面轉角的地方,防水施作必須高出鋪面層至少高 20 公分以上,以無接縫的防水施作,才能達到最佳的防水效果。

2 地下室

一般有兩種做法:從內側施作、或從外部施作。地下室一般都設計有連續壁,從連續壁外面做防水施作,效果當然最好,但因為從外面施作一定要有一定範圍的施工空間,對於市區許多緊鄰的大樓來說,場地限制就成了最大的問題。

不少大樓地下室為了防止連續壁出現漏水問題,會在地下室做雙層牆(亦稱複式牆),也就是將防水層做在內側的第二層牆。此時除了做好內側牆的防水處理外,還需特別注意兩層牆之間的導水溝設計,方能將侵入的滲水排除。

3 外牆

鋼筋混凝土結構的外牆,由於其處於垂直狀態,一般對防水處理,均只針對牆面之阻水較弱部位作防水措施,其餘則靠磁磚表面及水泥漆面或其他鋪面本身之滑水性,以不使水滯留,而達到防水的功能。

然而,坊間一般老舊住宅使用加強磚造的建築仍相當多,唯有在磚牆外側做好全面防水才能杜絕這樣的現象。

4 增建

新的防水層要注意與舊有防水層的銜接,避免產生漏洞。比如,新做的防水層要比照正常標準:凡是遇到牆面之處,收頭必須高出原有鋪面至少 20 公分以上,以免大雨積水來不及從排水管洩出,水就順著原有的保護層,從新建物的室內地板冒出來。

Part

1

解剖房屋

建築外觀與室內漏水、壁癌好發檢查點

居家環境是一天生活中使用時間最長的空間之一，居家環境的好壞，也直接影響人的健康和情緒。然而由於氣候或地震的影響，或是人為施工、使用不當，或者防水材料年限已到、受風化等，未在初期就及時解決，導致住宅壁癌孳生、漏水現象，當情況嚴重到影響生活，要和鄰居協商找出源頭，再敲敲打打忍受施工不便，十分得不償失。本單元說明住宅外部及室內容易引起漏水、壁癌的好發點，平時就能多加注意，防患於未然或在初期就能用簡便方式解決。

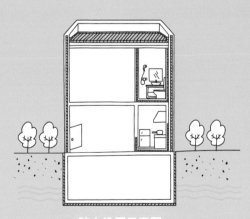

防水塗層示意圖

Point 1　建築外部的漏水好發點

建築接鄰或共壁處

兩棟房屋牆壁緊連，兩棟高低不同

原因 1：

可能是較高建築的磚砌牆的透水而產生漏水現象，其實即使是混凝土牆亦可能因裂痕或蜂窩，而造成漏水現象。

原因 2：

防水層因房屋位移破裂造成之漏水，特別是因為兩棟為獨立房屋，可能因地震，或不均勻的沉陷而造成位移，防水層易因受力被破壞，造成漏水。

解決方式為砌磚牆面做防水層，並於兩棟牆壁接鄰處上作保護蓋板，做金屬壓條及填縫收邊，阻斷水入侵。防水層預留伸縮長度，以因應地震等的位移。

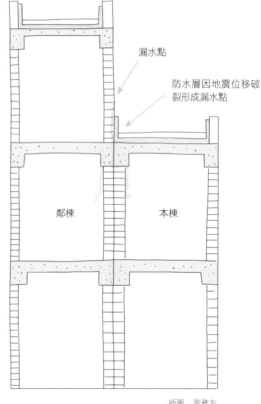

漏水點

防水層因地震位移破裂形成漏水點

鄰棟　　本棟

插圖 _ 黃雅方

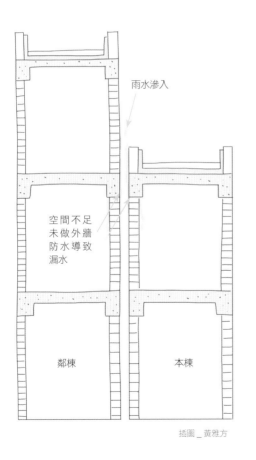

雨水滲入

空間不足
未做外牆
防水導致
漏水

鄰棟

本棟

插圖 _ 黃雅方

兩棟獨立的房屋，
隔牆不緊貼，但距離很近

常因相鄰之房屋距離太近，致使外
側無法施作防水層，故雨水會從二
棟鄰房之間流下，日積月累導致漏
水。解決方式為封住兩棟房子上方
的空間，阻擋雨水不再入侵。

屋頂、外牆

屋頂附加物導致積水

屋頂常見的漏水點有水塔下、屋頂水箱、管道間、排水孔、女兒牆、園藝造景、魚池等。解決方式見 P26

外牆防水受外力破壞

外牆常有冷氣開孔、牆面裂縫、遮雨棚、廣告看板固定物等因素，大棟破壞原有防水層。解決方式見 P26

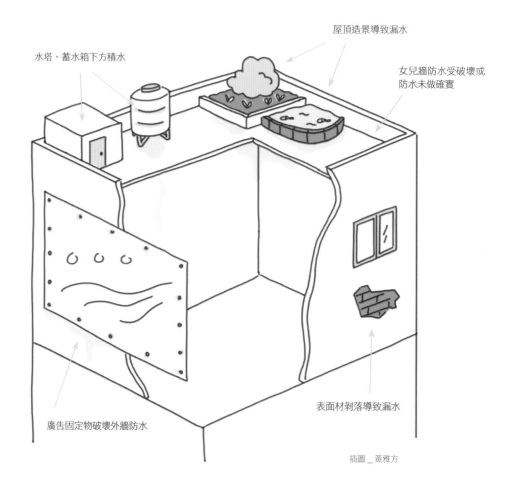

屋頂造景導致漏水

女兒牆防水受破壞或防水未做確實

水塔、蓄水箱下方積水

表面材剝落導致漏水

廣告固定物破壞外牆防水

插圖 _ 黃雅方

Point 2

室內外接壤處的 漏水好發點

對外窗

窗戶外側未做洩水坡

結構體及表面層飾面磁磚若未做洩水坡度，會導致雨水淤積，若是矽利康老化或塞水路沒填滿，水大量入侵時會直接透過裂隙灌入室內。解決方式見 P74

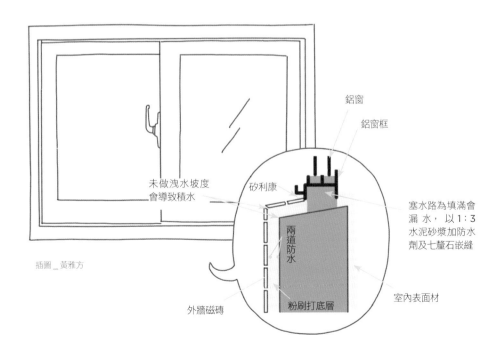

插圖 _ 黃雅方

鋁窗

鋁窗框

未做洩水坡度
會導致積水

矽利康

塞水路為填滿會
漏水，以 1：3
水泥砂漿加防水
劑及七釐石嵌縫

兩道防水

室內表面材

外牆磁磚

粉刷打底層

陽臺

地面漏水

陽臺若有雜物堆積或設置水槽、洗衣機等，若排水孔與地面的洩水坡度沒有做好，外來的水難以排除，若出現裂隙水就有可能會入侵，時間一長破壞了防水層，就有可能會滲漏至樓下。解決方式見 P53、P60

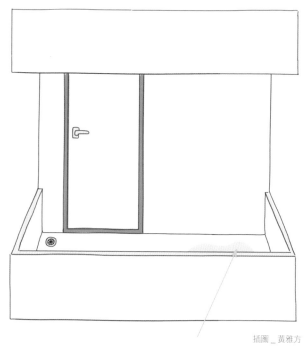

插圖 _ 黃雅方

地面未做洩水坡度或防水受破壞

陽臺落地門

原因 1：

陽臺的地面要低於室內，若高於室內排水孔排水不及或堵塞時，陽臺的水就會淹入室內。

原因 2：

落地門鋁框若與地面牆面結合處未確實塞水路，水就會從縫隙處滲入。解決方式見 P52

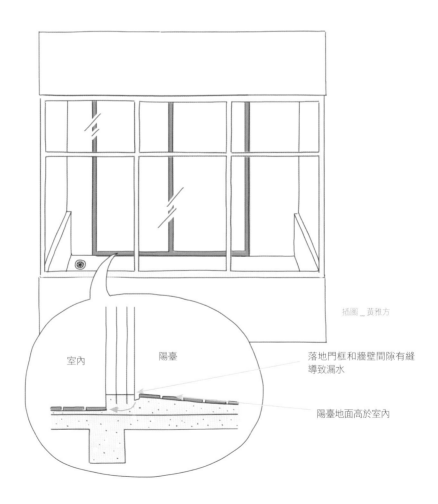

插圖 _ 黃雅方

室內　　　　陽臺

落地門框和牆壁間隙有縫
導致漏水

陽臺地面高於室內

Point 3　室內的漏水好發點

衛浴空間

浴廁的地面及牆面

浴廁防水層的施作範圍包含浴廁的地坪及牆面，施作的面積除了地坪需全面施作防水層外，牆面的部份則可視用水情況施作，一般有淋浴設備的衛浴空間建議至少需從地面往上施作180 公分至 200 公分以上的防水層，若浴廁是以磚牆隔間時，防水層施作必須從底部至天花板做滿為止。衛浴防水層的施作通常是以彈性水泥在貼磚前預先施作至少兩層。解決方式見P108 ～ P111

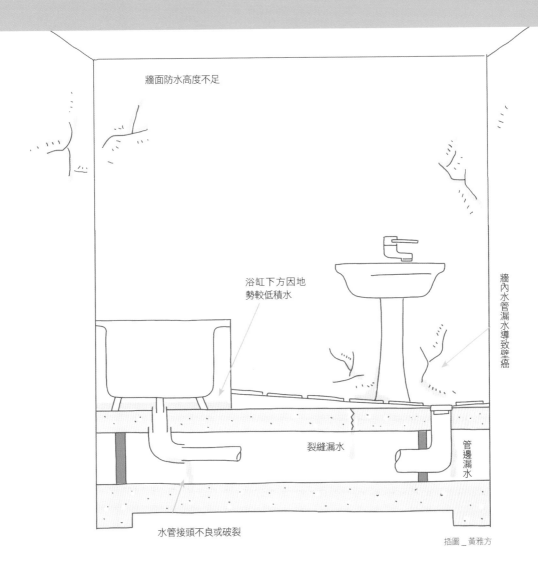

牆面防水高度不足

浴缸下方因地
勢較低積水

牆內水管漏水導致壁癌

裂縫漏水

管邊漏水

水管接頭不良或破裂

插圖 _ 黃雅方

廚房空間

水槽的地排

廚房防水層的施作範圍包含廚房的地坪及牆面,施作的面積除了地坪需全面施作防水層外,牆面的部份則可視用水情況做局部施作,一般住宅空間所使用的廚房防水,建議至少需從地面往上施作 90 公分至 120 公分以上。有鑑於目前的廚房空間皆以現代化的廚具為主,較少有刷洗牆面、地板的必要,所以防水層的施作通常是以彈性水泥在貼磚前預先施作一層,即可達到基本的防水目的。解決方式見 P101、P111

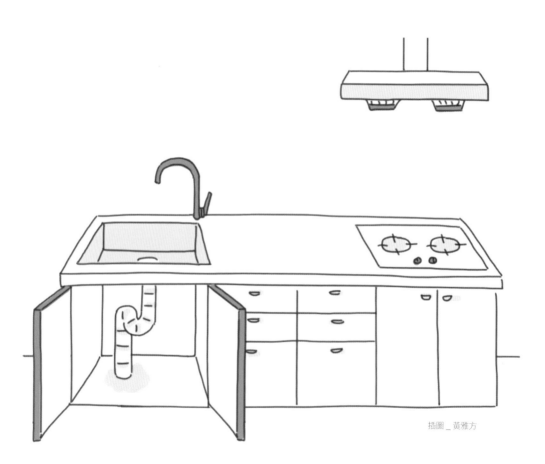

插圖 _ 黃雅方

天花板及隔間牆

天花板壁癌

原因 1：

頂樓的房子，因屋頂漏水導致天花板壁癌。解決方式見 P36

原因 2：

非頂樓屋，但因樓上他處空間漏水，結構因水泥毛細作用充滿水分，導致潮濕產生壁癌。解決方式見 P145

隔間牆壁癌

濕氣重使水泥牆內充滿水分無法逸散，導致產生壁癌。解決方式見 P145

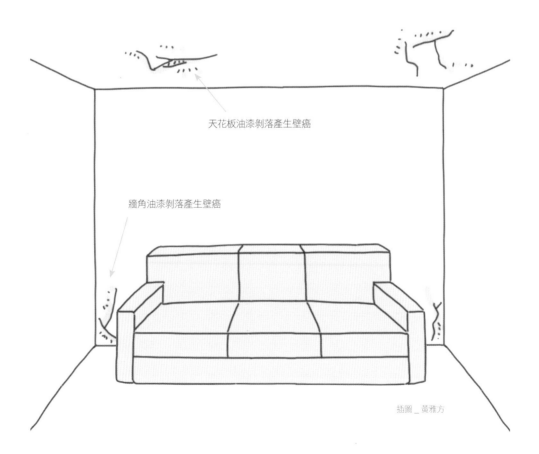

天花板油漆剝落產生壁癌

牆角油漆剝落產生壁癌

插圖 _ 黃雅方

Part

2

屋頂、外牆篇

了解成因、截斷水源，有效導水，
室內外雙管齊下

台灣屬於多雨潮濕型氣候，房屋發生漏水的案例時有所聞，其中屋頂和外牆大部分都是雨水蓄積造成的，建築物經過積年累月的風吹日曬雨淋，或者是受到地震搖晃拉扯，免不了造成外牆或屋頂產生破損裂縫或磁磚脫落，這些都會減低防水的效果，進而使雨水滲入室內造成漏水的狀況，時間一久就產生惱人的壁癌，造成居住者不小的困擾；屋頂、外牆一旦發生漏水若是沒有從源頭處理，正確導水，影響的範圍和層面都是相當大的。

 專業諮詢專家陣容

今硯室內設計&今采室內裝修工程

團隊擁有扎實專業的建築及室內工程背景，秉持「確實按照正確施工程序，減少不必要的住屋困擾」的理念，對每一個施工環節都反覆斟酌，以最佳方案施作，不僅於設計面創新、發揮創意，更以專業的工程裝修知識交出讓業主滿意、放心的作品。

屋頂外牆漏水常見 Q&A

 Q1

聽說建造房屋時，若水泥養護工作做得好，是可不做防水的，真的嗎？

👓A：

基本上這是不太可能的！因為不管再如何「堅固」的水泥，灌漿時多少都會有一些孔隙，就算真的努力做到百分之百的「純水泥」，恐怕費用會比做防水工程還貴，且難度更高。以近年來很流行的清水模（又稱清水混凝土）工法為例，造價不斐，比一般做水泥灌漿再粉光要貴上許多。

而且水泥在經歷過一段時間後，不免會龜裂。這是因為生活環境中有許多看不見的作用力讓材料產生變化，如熱漲冷縮、酸雨侵蝕、地震等等，都會造成結構體龜裂、損壞，這就是為什麼做防水層時，也會注意它的彈性，這樣在結構體受力拉扯時，還能產生一些防護效果。

 Q2

興建房屋時，想加強防水應該要注意哪些細節？

👓A：

除了興建時要注意房屋結構及施工品質外，要特別加強的觀念是「水停留在外牆或屋頂的表面越久，越容易滲入牆面內，造成室內漏水」，因此加強能排水和擋水的設計是必要的，例如加強屋頂排水功能、屋頂設計屋簷、窗戶做窗簷……都可減少雨水停留在牆面的時間。

清水模建築的外牆被稱為「會呼吸的牆面」，外牆及屋頂還須施作防水層嗎？

👓 A：

外牆防水施作與否，與清水模無關；反過來說，清水模面外牆 因無任何鋪面的保護，反而更應在表面作塗層加以保護以達到防水功用。

不管多厚的清水模，如果表面不作塗層處理（含防水功用），混凝土仍會劣化；再加上現在的空氣汙染導致雨水多偏酸性，日積月累的侵蝕建築表面，一旦雨水侵入混凝土內部，更加快劣化速度。

通常清水模面外牆的表面會噴塗一層矽酸鹽類或矽烷類成分的材料，這種無色、透明的表面塗層材，會滲透到混凝土牆壁內，形成所謂的「無膜塗層」，因此肉眼無法察覺。

頂樓要做哪些措施，才能加強排水效果？

👓 A：

屋頂基本上都要做「洩水坡度」，將雨水導引到四周的排水導溝內。頂樓在做排水時，要特別注意開孔的地方，也就是排水孔的入水處，一般排水孔是平的，但屋頂的排水孔

要選擇「高腳落水頭」，形狀是高凸起來的，戶外被雨水沖刷下來的葉子、泥沙等雜物較不易堵在入水口。一旦落水孔堵住了，雨勢若大馬上就會積水甚至淹過門檻進入室內。

即使採用高腳落水頭，平時仍要定期打掃，將入水口的雜物泥沙清除保持暢通。另外，排水口周遭是水流聚集之處，排水口與壁面接縫的地方同時要做好防水措施，才不會讓水反而從這裡的縫隙滲入，造成漏水。

頂樓洩水坡度的設計沒問題，為什麼還是常常積水呢？

👓 A：

在台灣，頂樓落水頭一般設置在屋頂的角落，其實不是明智的做法。一來防水層遇到轉角施作難度較高，失敗率也高，二來是結構體完成後，隨著地球引力與物理性，樓板中央會微微沉陷，造成原本設定的洩水坡度失效，水非但不往四周流洩，反而積在樓板中央。一旦樓板有縫隙，無法排出的積水，水就自然往樓下找出路了。

不論是不是木構造建築，在年降雨量高的區域，斜屋頂設計仍然是提高排水效率的做法，在台灣斜屋頂的斜率為 3：12 ～ 4：12 之間為佳，若屋瓦釘件品質佳，稍緩也可接受。

Point 2 屋頂、外牆漏水成因 及如何抓漏

 了解成因

◎ 防水層受天候及自然因素破壞

1 防水層年久老化

外牆磁磚、屋頂防水層都有使用年限，建築物容易因長期受到太陽曝曬雨淋等各種天候因素使原有防水層、結構層及水管等老化，保護強度降低因而造成房屋滲漏。

左右圖為外牆的內外兩側。外牆磁磚一旦老化失修，雨水就容易滲入，久而久之就形成壁癌。攝影＿蔡竺玲

2 颱風、地震結構受損

台灣位在地震及颱風帶，建築常面臨地震劇烈搖晃或者颱風連續強大雨，這些難以預防的天災，都會造成建築結構受損形成牆面龜裂、磁磚脫落或女兒

牆周邊龜裂,使雨水有機會從外牆縫細向下滲入。

3 頂樓植栽破壞結構

若是直接在頂樓栽種植物,部分的木本植物像是榕樹根系特別發達,時間長久後會穿透防水層及水泥牆,有些甚至往水管生長阻塞排水孔,使樓板因為裂縫及排水不良,造成嚴重漏水。

◎ 窗戶周圍受損滲水

1 鋁窗外框砂漿塞縫不實

填縫未確實,就會產生一道空隙,水就容易滲入。圖片提供＿今硯室內設計＆今采室內裝修工程

鋁窗安裝或處理鋁窗滲漏工程中,在處理水泥砂漿填充窗框與結構體空隙的步驟時沒有確實填滿,或者因為塞入木條等異物沒清除,使窗框周圍產生縫隙導致窗戶外牆漏水。

2 鋁窗設計及質量問題

舊式鋁窗框因為擋水效果不佳,內外高差不夠,當颱風或大雨時容易從窗扇底部滲入,或者沿著外牆磁磚間隙流入鋁窗中空結構再流入屋內,造成牆壁漏水。

右圖為舊式鋁窗框設計,可看出窗框底部的高低落差較少,擋水效果不足,容易從窗扇底部進水。左圖為新式窗框,高低差較大,能有效防止雨水進入。圖片提供＿今硯室內設計＆今采室內裝修工程

3 鋁料變形或膠條老化

若是窗框受到地震因素使鋁料變形，或者因為膠條老化都會使窗框與牆面產生縫隙，使雨水有機會由外從窗縫滲入。

窗框受到地震颱風等因素，使鋁料變形而造成雨水滲入。攝影 _ Amily

◎ 人為施工因素造成

1 外在安裝工程不當

因安裝設備管路等外牆施工，必須使用釘子等機具在外牆及屋頂鑽牆鑿洞以安裝設備支撐架，就有可能破壞牆面建築結構體及防水層，形成漏水水路。

空調支架安裝不當，導致漏水。圖片提供 _ 今硯室內設計 & 今采室內裝修工程

2 建築施工不實

由於外牆施作面封填不實，水泥砂漿及磚牆之間有縫隙，雨水便順著牆面與磁磚之間的縫隙順勢向裡滲透，由外牆侵入內牆面。

外牆的水泥砂漿及磚牆有縫隙，雨水就順著縫隙進入室內。圖片提供 _ 今硯室內設計 & 今采室內裝修工程

左圖的排水孔因雜物堵塞，導致積水。右圖則是因為地板地勢較低，導致滴水，久而發生壁癌。
圖片提供＿今硯室內設計＆今采室內裝修工程

3 屋頂洩水坡度不夠或落水口堵塞

屋頂若是洩水坡度不足或地面沒順平，都有可能使雨水積聚在某個固定區域，無法順利排出，防水層因長期被雨水浸潤而失效。

4 外牆裝設的冷媒管線未拉好，忽略雨水滲透問題

當冷氣的室外機裝設在頂樓或高處，冷媒管必須順著外牆往下進入室內的情況下，若是冷媒管的走線未拉好，往往雨水會順著冷媒管進入到室內，而造成外面下大雨，裡面下小雨的情形。

（左）當冷媒管需洗洞進入室內時，需注意走線應為 U 字型，讓雨水順勢滴下，避免流入室內。圖片提供＿今硯室內設計＆今采室內裝修工程
（右）屋頂地面在雨天後有積水現象，長期下來使防水失效而漏水。
圖片提供 今硯室內設計＆今采室內裝修工程

⊕ 如何抓漏

◎ 從內外牆面狀況判斷

1 確認外牆磁磚有無脫落

如果大樓外牆磁磚有明顯脫落的現象，表示建築年久失修，外牆已經因為受到颱風、地震等因素受損使防水層失效，使雨水滲入的機會提高。

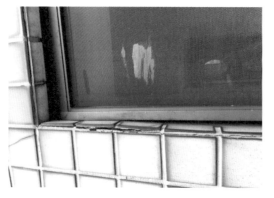

磁磚翹起，產生縫隙，雨水便有隙可趁。攝影 _ 蔡竺玲

2 檢查是否長青苔或植物

發現外牆上或者因為受到地震搖晃產生的裂縫，長出青苔或者長出一些小植物，代表這棟建築物所處環境較為潮濕，或者建築本身已有嚴重漏水問題使壁面潮濕有助於植物生長。

青苔生長在潮濕的壁面，可藉此做為判斷漏水的依據之一。圖片提供 _ 今硯室內設計＆今采室內裝修工程

3 觀察是否有水痕、油漆剝落或壁癌

當內外牆、樓梯間牆、外推陽台接縫面及天花板有水痕，油漆膨起甚至剝落、牆面發黑的現象，就表示房屋可能有漏水狀況，要留意有些屋主會重新粉刷遮掩壁癌及漏水處，因此要注意牆面油漆色差。

注意內牆是否有水痕或有油漆膨起，這些都是漏水的徵兆。攝影 _ 蔡竺玲

◎ 檢查屋頂地面情形

1 屋頂是否有積水

雨天過後是查看頂樓地面狀況的好時機，若是在角落或者局部區域有積水現象，表示洩水坡度沒做好，或者排水孔被堵塞無法順利排水，時間一久因雨水浸潤而造成屋頂漏水。

屋頂地面在雨天後有積水現象，長期下來使防水失效而漏水。
圖片提供＿今硯室內設計＆今采室內裝修工程

2 易滲水處是否有裂縫

屋頂全部範圍都需仔細檢查，像是水塔下方、通風管道基座、女兒牆、排水口、庭園造景的花臺等，都要留意是否已經產生裂縫，導致雨水從頂樓滲水至下方樓層。

屋頂地面與牆面、結構等轉接處是最常產生裂縫的地方，都要詳細檢查。圖片提供＿今硯室內設計＆今采室內裝修工程

Point 3 屋頂防水工法解析

屋頂正壓式防水工法

適用情境	施作於屋頂地面。地面有裂縫,防水失效,下雨漏水嚴重的情況。

行情價位	依現場狀況及施工難易度而定。

施工步驟

清除舊有磁磚,整理施作區域。
圖片提供 _ 今硯室內設計＆今采室內裝修工程 ▶

STEP 1　素地整理

為確保防水層與底層緊密接著,在施作屋頂防水工程前一定要先整理素地,首先打除表面並填補裂縫,再使用高壓水刀清洗,將施作面仔細整理乾淨。

STEP 2　地面積水局部修補

素地整理後,施工區域若有坑洞造成積水,要進行修補整平,目的在確保地面平整,避免影響之後防水層施作。

第一層先上底油，讓防水層與施作面更緊密結合。圖片提供＿今硯室內設計＆今采室內裝修工程 ▶

STEP 3 施作一道防水 PU 底油

待地面乾燥後先用 PU 底油塗佈屋頂地面，底油是結構體與防水層中間介質，目的是固結地面粉塵，使防水層更緊密的結合在施作面上，是防水工程中非常重要的一道施工程序。

塗佈防水 PU 中塗材時，再鋪貼玻璃纖維網補強防水。圖片提供＿今硯室內設計＆今采室內裝修工程 ▶

STEP 4 施作一道防水 PU 中塗材

待底漆乾燥後，施作防水 PU 中塗材或鋪一層玻璃纖維網加強防水材的韌性，讓防水材不容易裂開，能提高防水的效力。

以隔熱防水 PU 面漆收尾，延長屋頂防水壽命。圖片提供＿今硯室內設計＆今采室內裝修工程 ▶

STEP 5 施作兩道防水 PU 面塗

最後再施作兩道隔熱防水 PU 面漆，以抵抗氣候產生的雨水和紫外線，並且預防發霉。

監工驗收要注意 ☑

1 防水施工前確認素地整理要做好

素地整理是防水工程中最基礎也最重要的步驟之一，因此要確實檢視素地是否有整理完善，包括打除表面至結構體，整平施作面突起物、坑洞及填補裂縫，最後仔細清洗打掃，將灰塵減到最少。

2 頂樓試水驗收在鋪磚前並以水分含量器確認

屋頂防水工程施作完成後，在上 PC 層（水泥砂漿）之前要做試水動作，可以堵放水測試或是等雨天時檢測，仔細觀察是否有仍有漏水狀況，再以水分含量器從樓下樓板確認樓板水分含量，含水量 12 ～ 15% 以內表示為正常，若是指數為 20% 以上可能還有漏水狀況；要注意的是，試水驗收要在貼磚前，以免水分從磁磚縫細滲入造成「膨共」現象。

Point 4

室內防水工法解析

負壓式堵水工法（RC 牆面）		
適用情境	外牆施作不易的情況下，從室內一側的 RC 牆面針對裂縫打針堵水。	
行情價位	依現場狀況及施工難易度而定。	

施工步驟

STEP 1 鑽孔埋設高壓灌注針頭

一開始先在裂縫最低處以傾斜角度鑽孔至結構體厚度一半深，再由下往上處依序鑽孔（每個孔距大約 25～30cm），鑽孔完成後再於孔洞一次埋設灌注針頭。

牆面鑽孔。
圖片提供＿今硯
室內設計＆今采
室內裝修工程 ▶

STEP 2 高壓灌注止水劑修復

灌注針頭埋設置完成後，以高
壓灌注機注入防水發泡劑，注
射至發泡劑從結構體表面滲
出；待防水發泡劑接觸空氣硬
化後，再測試漏水狀況。

灌注防水發泡劑
至滲出表面。圖
片提供＿今硯室
內設計＆今采室
內裝修工程 ▶

STEP 3 移除針頭清除多餘發泡劑

發泡劑灌注完成後，測試確認
無漏水，就可以清除結構上多
餘的防水發泡劑。

監工驗收要注意 ☑

1 須與破裂面交錯埋設灌注針頭
由於裂縫都是呈現不規則狀，應特別注意須與破裂面交叉一左一右鑽孔埋設灌注針頭，
注射效果才會比較好。

2 等下雨完驗收確認有無漏水
完工之後，要等到下過雨後再做驗收，確認填補、防漏措施完整。

負壓式堵水工法（紅磚牆面）

適用情境	外牆漏水造成牆面發生壁癌。

行情價位	依問題源、材料、施工人力等共同計價。

施工步驟

STEP 1 先處理實際漏水問題

因外牆問題引起的壁癌，要先處理漏水，再進行後續的防水工作。第一步要鑿開漏水區域的室內牆面至結構層，鑿面盡量擴大，目的是要加強防水處理的範圍。

擴大壁癌區域的鑿面增加防水範圍。圖片提供＿今硯室內設計＆今采室內裝修工程

STEP 2 塗抹防水層強化防水

施作表面鑿至「見底」（刨除水泥至見到紅磚）後，先塗上加入防水劑的水泥砂漿填補縫隙，初步隔絕外來雨水滲入的機會，再塗抹稀釋後的彈泥防水塗料，加強壁面防水的效果。

施作一層稀釋後的彈性水泥防水塗料加強隔絕漏水。圖片提供＿今硯室內設計＆今采室內裝修工程

STEP 3　水泥粉光修飾表面

防水層施作完成後，先以1：3水泥沙漿粉刷打底，之後再以1：2的水泥砂漿均勻塗抹粉光表面，待乾燥後就依設計需求上漆做表面裝飾。

防水層塗佈完成後以水泥沙漿粉光牆面。圖片提供＿今硯室內設計＆今采室內裝修工程 ▶

監工驗收要注意 ☑

1 處理壁癌區鑿面要比漏水範圍大

處理壁癌時，在鑿開牆面的步驟要注意除了要鑿至底層外，鑿面不能只侷限在有壁癌的地方，從壁癌位置開始向周圍儘量擴大，才能加強防水的效果。

2 檢查漏水源頭是否有確實修補

施作防水工程前，一定要確認造成漏水的原因有妥善被修補，這樣才能有效達到修補壁癌的作用。

Point
5

修補屋頂裂縫、牆面漏水的防水實例

CASE1　　老屋屋頂年久失修，產生漏水裂縫

BEFORE

部分地面及女兒牆裂縫造成屋頂漏水。

☐ 屋況 CHECK

1 女兒牆下緣與樓板交接處有明顯裂縫。
2 通風管道基座周圍及地面長出植物。
3 地面防水層年久失修防水失效。

☐ 施工要注意

1 屋頂防水工程要嚴謹依照程序並確實填補裂縫。
2 要做好素地整理才能使防水層與結構有良好接著。
3 慎選防水材達到最佳防水效果。

屋齡已舊的老房子，屋頂長期風吹日曬雨淋加上年久失修，使防水失效發生漏水狀況，最主要是女兒牆與樓板交接處產生裂縫，局部地面及管道間基座也因漏水裂縫長出植物。為了有效處理漏水因此整個屋頂採用正壓式防水工法，在施作防水層之前進行整理素地的工序時，先填補漏水裂縫並整平地面，在防水施作程序中多鋪一層玻璃纖維，以加強整體防水材的韌性。

AFTER

▲ 地面及牆面全面施作防水。圖片提供 _ 今硯室內設計＆今采室內裝修工程

除漏步驟這樣做

STEP 1
本案是女兒牆下緣與樓板交接處，可能因地震或房屋老舊而有裂縫；通風管道基座及地面也有漏水狀況長出植物。

STEP 2
包括打除表面到結構體，填補整平裂縫及凹陷處，再以高壓水刀清洗機清洗。將施作面清理乾淨，發揮水防水接著劑的最佳效果。

STEP 3
先以 PU 底油塗佈底層，再施作防水 PU 中塗材或鋪玻璃纖維強化防水，最後再兩道防水PU 面漆收尾。

BEFORE

擴建陽台上方外牆滲水進入，導致壁癌產生。

☐ **屋況 CHECK**

1 廁所管道漏水使鄰近牆面產生壁癌。
2 受到鄰戶鐵皮屋頂影響，導致主臥牆面壁癌。

☐ **施工要注意**

1 找到漏水源頭先處理漏水問題。
2 施作漏水牆面鑿面擴大以加強防水處理範圍。

內部管道漏水，
影響牆面

位於頂樓的住宅因為受到鄰戶鐵皮屋頂影響，使水滲入屋內讓主臥牆面產生壁癌；而原本屋內的排水管漏水狀況，也使部分牆壁產生嚴重壁癌。因此在重新調整格局之外，首先先徹底處理房屋漏水及壁癌問題。此案採用內外雙管齊下的方式治療漏水，不但屋頂外牆重新施作防水，屋內重新設置排水管後再針對壁癌牆面重新施作防水，一勞永逸解決惱人漏水問題。

除漏步驟這樣做

STEP 1
是擴建陽臺鐵皮屋頂上方外牆、管道間水管及水塔都有漏水情形，因此滲入室內造成多處牆壁造成壁癌。

STEP 2
以正壓防水工法處理頂樓外牆及水塔漏水，並重新安裝管道間水管，杜絕外來漏水問題。

STEP 3
先解決外部漏水再處理室內壁癌。打鑿牆面至紅磚層再施作防水層及整修牆面。

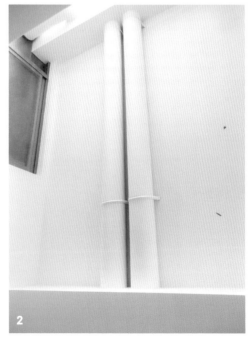

▲ 1. 內外牆面全面施作防水工程，徹底解決漏水問題。2. 重新設置排水管，避免持續漏水的情形。圖片提供 _ 今硯室內設計＆今采室內裝修工程

Point
6

千萬要避免！
屋頂外牆抓漏常見 NG

插畫 _ 張小倫

NG 1

樓上外牆磁磚隆起剝落漏水，不會影響到樓下

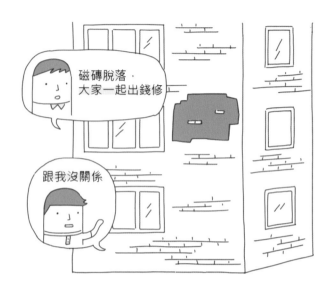

 正解！

雨水會沿外牆磁磚脫落處滲入樓下

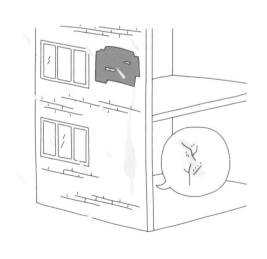

當大樓外牆因地震產生結構裂縫，或有磁磚隆起、剝落等現象，使牆壁失去保護層就會開始吸水，使雨水沿著磁磚縫細往下流，慢慢滲入牆面有可能造成樓下室內滲水。因此一旦發生外牆磁磚脫落，防水層失效，必須盡快修補貼上。

插畫 _ 黃雅方

NG 2

屋內油漆色差，只是因為刷漆不均勻

 正解！

牆壁油漆色差可能是漏水或壁癌屋特徵

當發現牆壁與天花板有淡黃色、棕色水痕，或牆角、屋角油漆有色差時，有可能是房東或前屋主為掩飾水痕重新油漆，如果局部油漆顏色不均，都可能是漏水屋或壁癌屋的特徵。因此，一旦產生水痕，就要注意後續是否有油漆剝落甚至是壁癌出現，並盡快處理。

插畫＿黃雅方

Part

3

陽臺篇

根據用途，控制水源，一次做對不復發

一般陽臺漏水可分為幾種情形，不外乎門窗漏水、外牆滲漏、地面冒水，以及給排水管漏水，後兩種情形多半出現在位在二樓的陽臺。另外，曾裝修過的房子也可能因為過往防水工程沒有做好，而引起滲水。通常住戶可以目測的方式來判定可能的漏水原因，但因陽臺所處位置介於上、下樓層之間，滲漏因素可能難以推斷，建議交由專家來協助處理，以找出最根本的漏水源頭，才能根治各種滲漏的問題。

 專業諮詢專家陣容

力口建築
工程師利培正

力口建築創立於2006年，專研空間本質上的個別性，從環境、人文及材料等方面，細部探討合一的可能性，藉由發展為現代空間的多元性。

理揚設計
設計總監吳涵霖

擅長中古屋、舊式公寓格局重新規劃，將看似缺點的空間條件，改造成明亮開闊的舒適居住空間。

陽臺漏水常見 Q&A

 Q1

既有陽臺外推修繕，有哪些注意事項呢？

👓 **A：**

陽臺外推的防水工程，就結構來看要注意兩個地方：第一是陽臺外推所使用的鋁門窗與女兒牆的接縫處外緣，在外牆上要做出洩水坡度，幫助雨水快速排掉；其次是陽臺外推後的雨披接縫處，要內縮至樓板的內緣，如此即可防止雨水落下時，透過曝露在外的縫隙滲入室內。

 Q2

想遷管線至陽臺，裝設水龍頭放置洗衣機以爭取浴室空間，要留意什麼呢？

👓 **A：**

不少人會將洗衣機放在陽臺，或者利用空間種植花草，這些活動都會用到水，因此需要檢視排水、防水是否做足。建議在安裝給排水管、水龍頭時，要預留好各種插孔，以利埋設管線，並要將排水孔或集水溝設在四周，洩水坡度由中間往四周往下傾斜，角度也要足夠，避免日久地面凹陷導致排水不良，積濕導致滲漏壁癌問題。

Q3

想要養老宅的陽臺與室內地坪等高，日後有坐輪椅需求比較方便，沒有做門檻會容易漏水、淹水嗎？

A：

室內第一道防水關卡，就是是陽臺的門窗。門窗的品質和密封性都要好，防水框的裡外方向也不要搞錯。

第二道防水關卡是陽臺地面的防水。首先要有一定的坡度，低的一側為排水口方向。一般建議陽臺與客廳至少要有 2 公分高度差，但若為了無障礙設計不做門檻，可在陽臺要進入室內落地門前做截水溝，或是將陽臺以木地坪架高。

第三道防水關卡，則是要定期清潔陽臺水管及落水頭，保持通暢。現在天候變化劇烈，若陽臺地排阻塞加上鋁門窗未關或施工不確實，一場午後大雨，就可能積水淹入室內，不可不慎。

Q4

後陽臺天花板漏水情形不斷，到底該怎麼辦？

A：

這有可能是上層住戶的地板產生細縫，陽臺雨水、地面排水等滲入樓下，這類滲水要從改善上層住戶防水層著手，或是斷絕水源，通常這類漏水情況，改善費用需由上層住戶負擔。

若是大樓外牆、樓層間隙漏水的情形，就要看各大樓管委會的規定，如認為外牆屬工共區域則由管委會負責，反之則由住戶協調如何負擔改善費用。

陽臺漏水成因
及如何抓漏

 了解成因

◎ 外牆受外力破壞

1 無雨遮且迎風面雨

若陽臺位於迎風面，又沒有雨遮的覆蓋，很容易因為風吹雨淋，導致陽臺淤濕的情形產生；加上台灣雨季和颱風等自然災害，積年累月的水氣和濕氣積累，導致壁癌產生，或者積水導致滲漏。

陽臺位於迎風面長期承受濕氣，陽臺女兒牆已風化、長青苔。攝影_Amily

台灣位處地震帶，在有感、無感地震的震動下，產生肉眼難辨的裂隙。圖片提供＿力口建築

2 地震導致陽臺產生裂縫

在台灣因地震發生頻繁，很容易因此造成陽臺的裂縫，使得雨水和濕氣有機可乘，趁縫鑽入陽臺造成滲漏。特別是老房子外推的陽臺，容易因經歷過多次地震，使得二次施工處與結構牆交角或角隅處有損傷。

3 招牌或釘敲造成毀損

有些陽臺外牆的裂縫起因於人為因素，包括懸掛戶外看板或招牌，在施工之際因鑽孔釘敲破壞到既有的結構，造成防水層的破壞而不知，結果陽臺內外都出現滲漏和潮濕的情形，甚至把積水引至下方樓層，造成鄰戶的困擾。

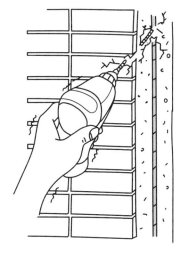

防水層是緊貼於結構體上，陽臺女兒牆或外牆等，不要任意打釘或鑽洞，以免破壞防水層。圖片提供＿力口建築

◎ 早期施工缺失

1 陽臺女兒牆架窗嵌縫不確實

當初安裝窗戶時，週邊的嵌縫處並沒有灌滿水泥，導致有空心的情形發生，倘若再加上窗邊周圍的防水材料塗抹不全或沒有塗抹，下雨或來自外牆的水就會順著孔縫流到牆面，造成窗戶下緣牆面的壁癌發生。

2 外推陽臺交角無防水

一般而言，早期外推陽臺，其外推處和 RC 結構牆的 L 交角處很容易成為漏水點，主要是因為早期防水工程施作不確實或者無有效的防水材料，日積月累下，一旦交角出現裂縫，不論是來自內部或外部的水，都很容易隨之有滲漏的疑慮。

前後時期的增建接合面，若施工不當，常成為漏水點。圖片提供 _ 力口建築

3 上層住戶問題導致滲水

有時陽臺的滲水和漏水起因於樓上住戶本身的漏水問題，對應位置之地板、廚房、浴室或陽臺如有漏水的狀況，都會引發連鎖效應般的滲漏，不容小覷。這樣的情形必須要與上層住戶溝通協調，解決根本病灶，且由對方負擔修繕費用。

◎ 排水管出了問題

1 洗衣機周邊漏水

在陽臺地面的漏水若是靠近洗衣機處，多半是因為洗衣機所銜接的排水管有擁塞或堵住的情形，導致洗衣機運轉時，水路不通順，引發了淹水或逆流的慘狀，若置之不理，長期下來會使陽臺潮濕淤水，甚至影響到相關排水系統。

2 地面排水孔倒灌

如果平常陽臺的排水孔不時會有積水情形，可能是未來排水管倒灌的徵兆。這樣的狀況常見於位在二樓的陽臺，原因為一樓的排水管有堵塞或不通暢的狀況，若不積極處理，最後會殃及無辜的二樓住戶，造成陽臺排水孔倒灌。

共用排水管堵塞，導致二樓陽臺排水倒灌。圖片提供 _ 力口建築 ▶

# 如何抓漏

◎ 基礎目測法

1 觀察外牆裂縫

若外牆有安裝招牌或看板，可以就近觀察是否有明顯的裂痕或釘痕，這些都可能是漏水的源頭。

2 查找陽臺傷痕

觀察積水和壁癌位置之臨近位置是否有裂縫存在；如果陽臺地面有鋪設隔柵，也要觀察是否因施工過程而有釘鑿的痕跡，釘敲太深很可能會造成防水層的損傷。

3 審視窗框下緣

窗戶下緣的牆面若出現水滴淤積和壁癌，加上敲擊窗框發有空心聲響而非實心，就代表主因為窗戶嵌縫不確實。

◀ 窗戶下緣出現壁癌，下雨甚至導致漏水。攝影 _ Nina

◎ 進階多元檢測法

1 以酸鹼試紙測驗

若是發現陽臺有積水和滲漏，第一時間可以酸鹼試紙測試，確認水的來源，如結果為鹼性，可推測水是流經過結構牆面（因水泥沙漿為鹼性）；如結果非鹼性，則可能是水管問題或單純的水淤積。

2 直接進行放水測試

要瞭解住宅陽臺是否有漏水點，除了在大雨過後藉機觀察，最簡單的方法就是進行放水測試，直接水管放水或倒水至排水管，以監測陽臺外牆是否有滴水滲漏情形，排水管是否暢通無礙，或者樓下住戶有反應漏水現象。

3 打開地排檢查水管

通常後陽臺的淤積和倒灌，若在初步進行通管後仍無法紓解，就必須進行更深一層的檢驗，建議最好打開地排，檢查給排水管是否有破裂等情形；此作法雖然耗時又花錢，卻也是找出根本問題的最佳途徑。

打開地排，檢查排水管是否堵塞，是最根本的方式。
攝影 _Nina

Point
3

室外斷水、防水
工法解析

自結構面
建立防水法

適用情境	通常陽臺牆壁或地板、外推牆 L 型交角處或角隅處漏水，以及鄰戶連續壁的漏水、壁癌問題，需重建結構面的防水層，才能根治。
行情價位	拆除和防水工程皆以坪計價，行情約 NT.2,000 元／坪。

施工步驟

將陽臺表面原有磁磚刨除。圖片提供_力口建築　▶

STEP 1　打除至原始結構面

拆除原本的磁磚或油漆等表面材質，拆除直到看到結構 RC 牆。

防水層需要從結構面做起，才能創造宛如碗公般的包覆效果，所以

一定要拆除徹底至見紅磚，從深層底部施作防水才有幫助。拆除和防水工程後，還需另外估算泥作價格，若含打底貼磚約 NT.8,000 元／坪。

將老化水泥去除至見到紅磚，是所謂「拆除見底」。圖片提供＿理揚設計 ▶

STEP 2 結構面第一道防水塗料
在結構粗糙面先塗覆黏著劑，再進行彈性水泥等水泥系的防水材料的塗抹。

進行防水材施作前，施工面要打毛以增加接合力。圖片提供＿力口建築 ▶

STEP 3 鎖上固定物
當 EPOXY 硬化之後，整個被植筋膠給包住螺桿也就被固定在外牆結構體了；接著，就可以用螺帽去固定招牌看板等物；被破壞掉的防水層，也因為先前鑽的洞被 EPOXY 填滿而獲得修補。

注水檢查管線是否有滲漏情況，如有必定要更換。不用的排水管一定要確實封口。圖片提供＿力口建築 ▶

STEP 4　進行排水層施作

以水泥砂漿打底，施作洩水坡讓日後的水可以順至排水管。

STEP 5　第二道防水材料塗佈

粉刷後，再次進行第二道表面塗覆防水材料，如彈性水泥等。

防水層施作後要
靜置待完全乾燥
才能進行下個步
驟。圖片提供_
力口建築　▶

STEP 6　試水檢視防水效果

砌臨時防水墩，進行放水測試防水效果。

STEP 7　進行泥作與貼磚

確認無防水漏洞後，進行泥作打底，然後貼磚。

在防水層上以水
泥打底，保留粗
糙面以利後續貼
磚。圖片提供_
力口建築　▶

陽臺地面貼木紋
磚完成貌。圖片
提供＿力口建築 ▶

<table>
<tr><td rowspan="2">**表面施作塗料
防水工法**</td><td>適用情境</td><td>若已確定陽臺僅有輕微的滲漏，如窗戶嵌縫不確實、表面磁磚破損或外牆釘孔裂縫造成滲漏等，可先從裂縫處初步進行防水補救，但僅為治標之法。</td></tr>
<tr><td>行情價位</td><td>表面防水塗佈，連工帶料 NT.2,000 元／坪。</td></tr>
</table>

施工步驟

STEP 1　打針高壓灌注

針對破漏處採取高壓灌注的發泡止漏劑，確保藥劑完全填滿內部孔洞裂縫。

STEP 2　防水塗料塗佈

防水塗料需要塗抹後等乾，之後再進行塗抹，需反覆進行 2 ～ 3 次。

彈性水泥地面塗覆 2 層，牆腳轉折處需往上塗 20 公分、女兒牆全塗。圖片提供 ＿ 劉同育空間規劃 ▶

1 確保結構面防水程序

結構面為粗糙的表面，要確認防水材料塗覆之前，有率先塗抹黏著劑，藉由黏著劑填滿結構的孔縫，後續塗佈的防水材料才可有效發揮其防堵滲漏的功效。

2 交角處的防水需加強

若是地排打開，重整排水館並進行地面防水工程，在與地面交接的牆面，也會往上拆除20～30公分，可創造碗公般的防水保護層，一旦牆壁有水流下來可以有完整的包覆和阻隔效果。

3 一定要抓好洩水坡度

陽臺地板的洩水坡度對於引導水流排向排水口，建議最好讓排水口位在右側或左側，若安置在中間往往會影響到排水效果，一旦大雨來襲，可能又會造成積水無法順利排出而淤積，有滲漏的疑慮。

4 貼磚前設防水墩試水

作完所有的防水工程後，貼磚前要試水，可砌一臨時的防水墩，可放置水桶並紀錄刻度，靜置兩、三天後檢查水位，降低一點點為正常揮發現象，如大幅下降則代表防水施工有問題。

5 地面防水比牆多一道

當陽臺牆面作完正式（第二道）防水工程並貼磚後，地面在貼磚前，再作一次防水材料的塗佈，也就是第三道的防水，然後才鋪地磚；如此一來可更完整的阻斷未來可能的滲漏狀況。

圖片提供 _ 劉同育空間規劃

3／陽臺

Point 4

陽臺的局部裝修防水

CASE1 餐廳的露臺漏水

交接處往往是漏水點，會造成露臺下方的滴漏。

☐ 屋況 CHECK

1 餐廳欲利用已外推的露臺區域。
2 但露臺不斷有漏水的情形。

☐ 施工要注意

1 找出漏水點才能針對患部處理。
2 建築外部的磁磚也要進行第一層防水處理。
3 進行完鋼構披覆的防水工程後必放水測試。

露臺與建築物的交接面有滲漏的情形，需於磁磚表面進行黏著劑的塗抹，使黏著劑滲入造成滲漏的裂縫或任何孔洞，皆著塗覆防水材料，成為最外層的保護膜。接著採用不鏽鋼製作止水墩骨架，不鏽鋼板要滿焊（不能只是點焊），做出類似屋頂鋼構的游泳池，作出一個可與水隔絕的底層，然後接續排水管，導引水流走向，讓露臺不再有漏水情形，更不會因為淋雨成為吸水體，而有滲漏的疑慮。

▲ 自交角處到露臺上方有止水墩和鋼板的防水保護。
圖片提供＿力口建築

除漏步驟這樣做

STEP 1
找出漏水點。

STEP 2
以接著劑填補裂縫及孔洞。

STEP 3
確實塗覆防水材料。

STEP 4
設不鏽鋼止水墩骨架。

STEP 5
以滿焊方式將不鏽鋼底座與止水墩骨架接合。

STEP 6
接好排水管及引導水流走向。

STEP 7
進行後續表面裝修施作。

CASE2　　已外推的陽臺角隅滲漏

BEFORE

角隅處是常見的滲漏所在，因早期防水工程不佳而種下漏水因子。

☐ 屋況 CHECK

1 老房子的陽臺早就已經外推。
2 角隅處的滲漏情形相當嚴重。

☐ 施工要注意

1 藉由重新裝潢之際自結構面作防水。
2 首要之務就是拆除磁磚直到與 RC 牆連結之處。
3 從基底進行防水層的重建，才能一勞永逸。

現在雖有多種的防水材可選用，但早期防水工程和防水材料都不甚發達，就連彈性水泥也是幾十年來才開始普及，導致許多老房子並沒有太紮實的防水層，加上外推的陽臺屬於二次工程，並非一次性灌鑄而成的結構，若當初在施作未做好防水，會隨著房屋本體的老化或地震而產生裂縫，導致滲漏。

AFTER

▲ 施工時角隅處以不織布加強。圖片提供＿力口建築

除漏步驟這樣做

STEP 1
自結構面進行三道防水程序，加上不織布補強了先天不良體質。

STEP 2
確實塗佈防水材。

STEP 3
在牆面與地面相鄰之角隅處貼附不織布。

STEP 4
再確實塗佈防水材料。

STEP 5
泥作打底（不再貼附表面材可做水泥粉光）。

STEP 6
貼附表面材。

因此，重新拆除後自結構面進行防水工程，並特別在患部的角隅處以不織布進行覆蓋，再進行防水材料的塗抹，使得角隅處不僅耐震又防水，且能抵抗拉扯，不易產生裂縫。

AFTER

▲ 自結構面進行三道防水程序，加上不織布補強了先天不良體質。圖片提供＿力口建築

千萬要避免！
陽臺抓漏常見 NG

插畫 _ 張小倫

NG 1

**為省錢
只做表面功夫的防水**

 正解！

移除破漏元凶才能斬草又除根。

如果只是因為陽臺外牆或陽臺面板、踢部板面等因為表面有裂縫，需先移拔除釘子或造成裂痕的異物（如招牌等）後，再以高壓灌注（如防水的發泡聚氨酯）的方式處理，堵住隙縫。

插畫 _ 黃雅方

NG 2

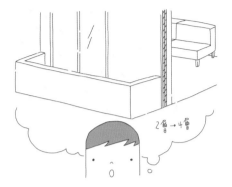

2層→4層

**防水多塗幾次
就能讓效果加倍**

正解！

防水須從結構層做並使之成膜。

防水建議要從結構層做起，必須在 RC 結構牆面進行，之後水管破裂也會有
第一層保護，很多人都會忽略掉而只在泥作後施作，但其實光是表層的防水
施工是不夠的！此外，防水材料的塗覆要擦上後「等乾」，接著再進行二次
塗抹，讓防水層能夠成膜，有一層又一層的結構，才能使防水有成效。

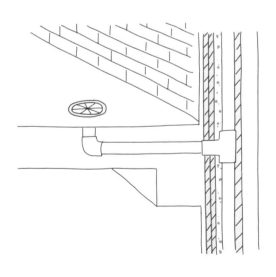

插畫 _ 黃雅方

Part

4

門窗篇

塞水路、洩水坡要做滿做好，根據窗型正確施工

窗戶是讓建築物通風的開口，但由於鋁窗與建築體各屬於不同屬性材質，因此在兩個相異材質的接合處，最是容易因為工法不夠確實而產生縫隙，此時一遇到下雨，便讓雨水有機可趁，從處合處開始滲入牆面，久而久之便形成難以補救的壁癌，若想防止難以解決的壁癌狀況發生，除了挑選品質優良的鋁門窗外，在進行門窗工程時，應特別注意縫隙間的施工是否確實做到位。

 專業諮詢專家陣容

演拓空間室內設計
殷崇淵設計師

用嚴謹的心情施作每一個流程與工序，並以其誠意與自信提供對的設計，體貼使用者並滿足其生活上所有的需求，住的輕鬆沒有壓力。圖片提供_演拓空間室內設計

優尼克空間設計
黃仲均設計師

當空間創意遇上了美學設計，就是Unique的存在價值。張力濃厚的空間藝術感，更能突顯出獨一無二的氣度與格局。圖片提供_優尼客空間設計

劉同育空間規劃有限公司
劉同育設計師

嚴謹要求材料品質與合乎人性的生活細節，從居住者的需求出發，活用本身的熱情與創意，加上最專業的態度，戮力創造出讓人感到溫暖、貼心的生活空間。圖片提供_劉同育空間規劃有限公司

門窗漏水常見 Q&A

Point
1

Q1

颱風天或下大雨，窗戶就滲水，是哪裡出了問題呢？

👓A：

窗框四周的防水施作若處理不善，下雨時，雨水便容易從窗台與鋁框間的縫隙滲水至室內。導致對外窗戶漏水的原因，可歸納為：一、外牆防水未做確實，或未塗防水劑；二、窗緣間隙的矽利康老化脫落或龜裂；三、窗緣水路未確實填滿，牆內形成空隙，久而久之遇雨就滲水；四、窗緣下方牆面施工時，未做足洩水坡度，讓積水滲入。

Q2

想裝廣角窗又擔心會漏水，選購時要注意什麼呢？

👓A：

除了考量造型是否美觀之外，還要注意玻璃與窗框的組合，是否有良好的氣密、水密、抗風壓及隔音效果，以及窗材是否具防水、防鏽等耐候性質。選購時可請廠商出示完整的測試報告與圖面。廣角窗能為室內引進良好視野，但若玻璃霧化結露就煞風景了，建議選購時，可請廠商開立不結露保固，目前市面上最高保固為 15 年。

施工方面，廣角窗的轉角柱體較易滲水，因此須將頂端處預先密封後再施工。施作完成後，驗收時須確認上下蓋是否一體成型、窗體組接處無隙縫。整體牢固不晃動、窗戶開關好推順手等。

Q3

老房子的窗型冷氣孔周圍壁癌嚴重，連機體都生鏽了，該怎麼辦？

Q4

喜歡木空間浴室也用木門，但靠近地板的地方發霉嚴重，連牆壁都有壁癌產生，該子麼辦？

A：

窗型冷氣若與牆上的開口尺寸不合，大多是用壓克力板和膠布適度補滿縫隙，但仍無法阻擋雨水。建議將冷氣窗孔封閉，改用分離式冷氣，較能徹底解決此種滲水問題。安裝分離式冷氣，要各廠牌機型說明書正確施工，才能避免漏水產生。

A：

浴室門由於易碰觸水，選用具有防水功能的塑鋼門較合適。立門框時，須抓好水平、垂直。推開門在泥作隔間之前，先行立框會較為穩固。浴室門片在裝框後進行水泥填縫修補，須特別留意防水處理是否確實，以免日後滲漏導致壁癌漏水。

分離式冷氣施工步驟 ☑

STEP 1 確認出風口位置
先確認可吊掛牆面，以及冷氣氣流的流向，另外也要將可能阻礙安裝的天花樑柱考慮進去。

Q5

安裝氣密窗，強颱來襲仍會漏水？

STEP 2 確認管線
設計師與廠商共同協調確認，冷氣管線怎麼走，設計師也可藉此事先將線路規劃好，看是藏在天花板，還是埋在牆裡面。

A：

氣密窗品質的好壞，較難用肉眼觀察評測，建議以水密性、耐風壓等指標選購。

STEP 3 機型的選擇
根據現場狀況，確認選擇適合機型。

水密性：測試防止雨水滲透的性能，共分 4 個等級，CNS 規範之最高標準值為 50kgf ／m²，最好選擇 35kgf／m² 以上，來適應國內常有的風雨侵襲的季風型氣候。

STEP 4 確認室外機位置
從室內機到室外機連接管線一般限制在約二十米左右，因此若室外機位置距離太遙遠，容易造成施工上的困難，因此室外機位置應安排在適當位置。

耐風壓性：耐風壓性是指其所能承受風的荷載能力，共分為五個等級，360 kgf/m² 為最高等級。

門窗漏水成因及如何抓漏

Point **2**

 了解成因

◎ 窗框與牆壁結合處工法沒做確實

1 窗框縫隙填縫不確實

通常在立好窗框的工序完成之後，在窗框與牆面間的縫隙，應該要先以泥砂漿將縫隙填滿，即俗稱的「塞水路」。但沒有做填入泥砂漿此一動作，事後以為用矽利康填補縫隙，就能做到斷水動作。

窗框雖填滿矽利康，但因塞水路做不確實，還是會導致滲水日久引發壁癌。攝影 _ 余佩樺

矽利康有一定年限，若受風吹雨淋日曬而老化，加上原本塞水路不確實，雨水會從縫隙流入。圖片提供 _ 優尼克空間設計

2 矽利康老化失效

雖然有以泥砂漿填滿縫隙，但過程中若填滿動作不確實，沒有將縫隙填滿，之後雖有用矽利康填縫，但若矽利康使用時效到期，水氣便可從窗框縫隙處滲入，並滲進因沒有填滿泥砂漿而有空洞的牆裡。

◎ 外牆未做防水或沒做確實

1 只貼磚或上漆

各種材質、結構的房子，外觀、屋頂一定要施作防水層，這是因為水泥本身會產生所謂的虹吸作用，在乾燥的過程當中，會有收縮反應，導致裂縫的產生，而防水層則是為了保護建築物的結構層，因此防水層是施作於結構層，而後才是進行表面層的施作，如塗漆或貼磚等。

2 未在結構層施作防水

外牆的防水工程施作必須在結構體完成時即進行，不過切入的時間點又因建築體的結構不同而有所差異。RC 結構的房子，應於灌漿完成養護期後即施作，後續才是粗底，最後再進行粉光或貼磁磚；磚造結構的房子，則應該是在砌磚完成，須先填縫，再施作防水層，再作表面工程。

未做防水層即貼磚或上漆，則少了一層防護膜，雨水就容易從外牆滲入。攝影 _ 蔡竺玲

◎ 窗緣下方未做洩水坡度

1 窗台長期積水潮濕

鋁門窗與女兒牆的接縫處外緣，外牆若未做出洩水坡度，遇大雨時容易積水，導致潮濕滲漏。

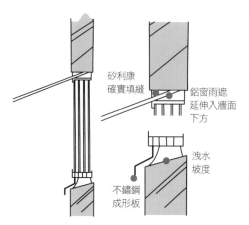

矽利康確實填縫

鋁窗雨遮延伸入牆面下方

洩水坡度

不鏽鋼成形板

鋁窗防水剖面圖及上下緣放大剖面圖。插畫 _ 張小倫

◎ 窗型冷氣孔漏水

1 預留孔洞與機型不符

建築公司預先開的窗型孔，雖是一般常見窗型冷氣大小，但並不一定符合每個屋主使用的窗型冷氣，若遇到窗型冷氣尺寸不合，在安裝好冷氣後，四周便會留下不可避免的縫隙。

冷氣機比窗孔小，周圍只能用臨時性材料填補，防水性能堪慮。圖片提供 _ 許嘉芬

 如何抓漏

◎ 仔細檢查窗框周邊情況

1 矽利康是否已老舊或脫落

窗框周邊多半會用矽利康填進行填縫,仔細檢查是否已有老舊、脫落現象,
而水剛好也從這些地方流下來。

2 窗戶水密與氣密性是否有鬆脫

近年不斷有強烈颱風生成,風速、風壓極高下是很有可能破壞到窗戶的水密、
氣密性,以及造成鬆脫情況。若有鬆脫,水很可能就直接流入室內,形成漏
水問題的來源。

3 塞水路未確實,窗角開始有水溢出

塞水路的施作確實性雖無法全用肉眼做檢視,但時間久了,窗戶周邊開始出
現水溢入室內的情況,矽利康又未老化、窗框無變形,那很可能就是塞水路
的部分出了問題。

一旦窗框與牆面有裂縫、矽利康老舊脫落等,窗戶周邊就會開始滲水、油漆剝落,甚至壁癌產生的情形。可利用水分計測量牆內含水指數。指數在20%以上,就是有漏水問題。 攝影_蔡竺玲

◎ 冷氣孔周圍是否有水痕壁癌

1 填補材出現水漬潮濕

窗型冷氣與開口尺寸不合，安裝師傅最多只能以膠帶或壓克力板，適度補滿縫隙，但仍無法阻擋雨水，因此建議改用分離式冷氣，較能徹底解決滲水問題。

2 原有孔洞用紅磚封住

採用砌磚方式仍有漏水可能，建議立窗框裝設固定窗，只要施工過程遵守確實塞水路、以矽利康填縫，就能避免後續漏水。

改安裝分離式冷氣，將原有窗型冷氣洞口封住，是解決冷氣口漏水的方式。攝影＿余佩樺

<table>
<tr><td rowspan="3">Point
3</td><td rowspan="3"># 門窗斷水、防水
工法解析</td></tr>
</table>

門窗斷水、防水工法解析

Point 3

打針	適用情境	重點救治，滲水狀況還能救。
	行情價位	以次數計價，連工帶料 NT.300 ～ 600 元／針。

施工步驟

STEP 1　檢查漏水處

檢查窗戶漏水處附近是否有管線經過，因為管線可能因為受灌入的發泡材料擠壓，而導致破裂等問題，因此若有管線經過，最好再評估狀況，確定是否仍要做打針。

STEP 2　高壓灌注發泡材料

在漏水位置鑽孔，高壓灌注發泡材料。

STEP 3　注意發泡材是否溢出

灌注一段時間後，停止動作注意發泡材是否從四周裂縫溢出，若溢出則表示完成，可停止灌注。

發泡材灌注至溢出，才算確實填補完成。圖片提供 _ 劉同育空間規劃有限公司 ▶

重新立窗框

適用情境	壁癌嚴重，只能打掉重練。

行情價位	重新立門框通常是發生防漏費用中，基本上會產生泥作、防漏、鋁窗和油漆（防水油漆）四種費用，可選擇統包或各自分開發包。

施工步驟

STEP 1　打掉舊有窗框
將漏水的窗框打掉，並將立框四周牆壁打至見底。

拆除窗框，四周
打掉至見到紅磚。
圖片提供 _ 優尼
客空間設計 ▶

STEP 2 **整平立框四周牆壁**

為了讓窗框盡量與牆面密合，因此立框前，先行以工具將窗框要上
去的地方磨平。

STEP 3 **水平確認固定窗框**

用測量水平的儀器及尺確認好窗框大小後將窗框放入，窗框是否置中。這次要做最後的確認，之後便以螺絲固定於牆內。

STEP 4 **填縫**

窗框立好之後，窗框四周以水泥砂漿確實填滿與紅磚之間的縫隙。

窗框縫隙確實塞好水路。圖片提供＿優尼客空間設計 ▶

STEP 5 **補平**

填縫結束後，最後再以水泥將凹凸不平的台面補平。

水泥補平窗框四周，確實整平。圖片提供＿優尼客空間設計 ▶

新設門窗施工

適用情境	新屋裝潢開窗。

行情價位	會產生泥作、防漏、鋁窗和油漆（防水油漆）四種費用，可選擇統包或各自分開發包。

施工步驟

STEP 1 確定安裝位置

在確定安裝窗戶的位置的牆壁進行開口。

在欲開窗的位置進行開口。攝影 _ ▶ 蔡竺玲

STEP 2 整平立框四周牆壁

為了讓窗框盡量與牆面密合，因此在立框前，先行以工具將窗框要上去的地方磨平。

STEP 3 水平確認固定窗框

用測量水平的儀器及尺確認好窗框大小後將窗框放入，窗框是否置中這次要做最後的確認。

STEP 4 **框架上鑽洞**

在框架上鑽洞，並用螺絲固定於牆內，此時師傅會一直不斷地注意框是有傾斜或者離牆距離是否有跑掉的問題。

窗框以螺絲確實
鎖住固定。圖片
提供＿優尼客空
間設計 ▶

STEP 5 **填縫**

窗框立好之後，則開始將窗框四周縫隙，以水泥砂漿確實填滿窗框跟紅磚的縫隙。

STEP 6 **補平**

填縫結束後，最後再以水泥將凹凸不平的台面補平。

4
／
門
窗

監工驗收要注意 ☑

1 一定要做試水
高壓灌注發泡材後，等待下雨天做試水，確定原來漏水位置沒有滲水之後，再把灌注的針頭綁掉。

2 確認是否填實填滿
用手指頭或拿筆敲窗框，實心與空心聲音會有不同。

Point 4 門窗的局部裝修防水

CASE1　通風格局換來壁癌纏身

BEFORE

老屋窗框滲水問題嚴重。

☐ **屋況 CHECK**

1 位於通風良好位置，但也因此缺少其他建築物遮蔽，易受風雨侵襲。
2 屋況老舊，滲水狀況積累已久。

☐ **施工要注意**

1 針對缺乏遮蔽物問題需再做加強改善。
2 窗框填縫需做確實。

三十幾年的老屋，通風採光良好，但因此四周沒有可遮蔽的建築物，風雨來襲沒有阻擋物，牆壁受到風雨直接的侵襲。拆除原有窗框重新立窗框，並採用泥砂漿混合防水材料，將窗框與結構體的縫隙確實填滿，並在外牆加做雨遮，藉此可減少雨水打在牆面，也減少滲水的機率，最後在外牆塗一層可防水的彈性水泥。

▲ 窗框全部打掉重做，徹底根絕漏水。圖片提供 _ 優尼客空間設計

除漏步驟這樣做

STEP 1
拆除原有窗框。

STEP 2
重新立窗框。

STEP 3
水泥砂漿混合防水材塞水路。

STEP 4
外牆施作雨遮。

STEP 5
外牆塗彈性水泥。

4／門窗

CASE2　老屋因地震產生裂縫或前屋主換過窗框

BEFORE

窗戶四周出現漏水狀況。

☐ **屋況 CHECK**

1 老屋屋況老舊，可能因過去地震關係出現裂縫。
2 前任屋主可能曾換過窗框。

☐ **施工要注意**

1 確實找出漏水位置，重點進行防漏工程。
2 確定灌注發泡材料是否從裂縫溢出。

十幾年的老房子，可能因為過去地震的關係，而產生裂縫，另外前任屋主可能曾經更換過窗框，施工不確實的情況下，導致現任屋主發現窗戶四周有漏水狀況。由於滲水狀況出現在窗戶四周，因此可初步判定應是窗框填縫不實，確認原因後，找出滲水位置，並以打針的方式解決滲水問題。

AFTER

▲ 找出漏水處，以高壓灌注解決漏水問題。圖片提供 _ 劉同育空間規劃有限公司

除漏步驟這樣做

STEP 1
檢查找到漏水點在窗戶四周。

STEP 2
以打針工法填補裂縫。

STEP 3
試水後確認不再滲漏。

STEP 4
完成表面修飾。

CASE3 　　　　　　**邊間屋發生漏水壁癌**

BEFORE

靠近窗戶附近的牆
壁出現滲水狀況。

☐ **屋況 CHECK**

1 三十幾年老屋，屋況老屋需大量翻修。
2 位於邊間位置，最是容易受到雨水侵襲。

☐ **施工要注意**

1 判定是牆壁還是窗框滲水。
2 外牆需塗防水劑做到雙重防水保障。

接近三十年的舊房子，由於屋況本來就過於老舊，在丈量時就發現有漏水狀況，且牆壁有壁癌。剛好位於邊間位置，因此不確定漏水是因為牆面滲水還是窗框漏水，於是先從檢查漏水源頭開始，確定是窗框漏水後，窗框拆除重做，並將有壁癌牆面拆見至見底，窗框重立後，原來壁癌處的紅磚表面先以鋼刷刷過，再塗一層防水劑，之後再進行後續的粉光油漆，最後在外牆也塗上防水劑，以加強防水功能。

AFTER

▲ 窗框重立，壁癌處拆至見底。圖片提供 _ 劉同育空間規劃有限公司

除漏步驟這樣做

STEP 1
檢查找到漏水點在窗框。

STEP 2
拆除原有窗框。

STEP 3
壁癌牆面拆除至見底。

STEP 4
重立窗框。

STEP 5
確實塞水路。

STEP 6
壁癌處紅磚表面以鋼刷刷過再塗一層防水劑。

STEP 7
室內牆粉光 + 油漆。

STEP 8
室外牆塗防水劑。

Point 5　千萬要避免！門窗抓漏常見 NG

 NG 1

門窗漏水一定是安裝時步驟不確實

 正解！

門窗漏水要逐步檢查才能找到起因。

窗戶漏水的原因可歸納為四種，一是外牆防水未做確實，或未塗防水劑；二是窗緣間隙的矽利康老化脫落或龜裂，三是窗緣水路未確實填滿，牆內形成空隙，久而久之遇雨就滲水。四是窗緣下方的牆面沒有做洩水坡度，這些都可能導致門窗漏水。

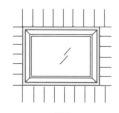

插畫 _ 黃雅方

NG2

窗框漏水一定是
防水師傅沒有確實施作

正解！

窗框漏水建議應將窗框打開檢查。

窗框區域的漏水，有可能是窗框的填縫施作不確實，建議不妨將窗框角落重
新打開，由公正的第三者，如設計師、建築師來做公認，若是屋主自行發包，
也應請求專業的團隊或設計師公會來進行鑑定處理。

插畫 _ 黃雅方

Part

5

廚房、浴室篇

樓上裝修樓下漏水？！釐清責任對症解決

室內裝潢通常會針對時常接觸到水的區域做防水，其中以廚房和浴室為防水工程施作最重要的部分。一般來說，新建案產生漏水的機率較低，反而是老房子使用年代較久，容易產生水管老化破裂，或是翻新時不慎影響結構，造成漏水狀況。建議施工時一定要做好防水測試，確認無漏水，才算完成施工環節，否則一旦滲水，不僅防水工程得重新來過，波及鄰居住戶更可能需擔負相關法律責任。

💧 **專業諮詢專家陣容**

朵卡室內設計
李曜輝設計師（左）
邱柏洲設計師（右）

有別於一般設計公司，提供專業諮詢服務，鼓勵大家透過諮詢然後自己設計發包。也提供專業監工服務，讓屋主在掌握自己的空間設計之餘，也有專業人士把關裝修品質。

尚詰法律事務所
吳俊達律師

國立政治大學法律系、國立政治大學法律研究所碩士、曾任反詐騙裝潢監督盟聯講座律師，現任尚詰法律事務所律師的吳俊達，曾經出版過《別讓黑心裝潢坑你錢》。

廚房、衛浴漏水常見 Q&A

 Q1

使用進口廚具，安裝卻發生廚房漏水現象，問題出在哪呢？

▱▱ A：

廚房會漏水，問題大多發生在水管，而原因多是設備的安裝出現問題。使用進口廚具，其實都有附帶原廠的硬管配件，但來到台灣後，若是安裝的水電工人不明白它的用意，往往省之不用，而依舊採取軟式的蛇管。軟硬管的分別在於硬管使用螺紋鎖，管上車牙，安裝時只要用手旋緊，就能緊固咬合；軟管因無法車牙，管與管間只能用防水膠帶綑綁，時常因落水震動而鬆脫，而有滴水、漏水等問題。

 Q2

在廚房或浴室，若想吊掛物品而在牆面釘釘子，會不會破壞到防水層呢？

▱▱ A：

廚房、衛浴是室內少數會施作防水層之處，一般廚房的防水層會做到水管走線的高度，浴室則是整道牆壁全都施作，以免被蓮蓬頭的出水淋濕或蒸氣凝結。在浴室或廚房的牆壁加掛置物架等，而在牆壁釘釘子時，無意間也破壞了防水層。

不過，室內牆面的防水層被破壞的影響力，並沒有外牆防水層被破壞的來得大。由於室內牆面並沒有水壓的問題，只需在被破壞之處用矽膠填補即可。戶外牆面則會有風壓的問題；當雨水澆淋下來時，風壓會促使水分滲入牆內。

想在浴室用磚砌一個泡澡池，要注意哪些防水問題呢？

👓 A：

一般來說用磚砌一個標準大小的浴缸，在防水做法上及施作的程序為：砌完磚後，打一層粗底水泥，這時會鋪上第一層防水層，接著做粉光處理後，再上第二層防水層，最後則是依居家風格設計，以不同的面材做為防水層的保護及風格營造。若是以石頭石材堆砌，由於石材的重量重，以及防水性較差的關係，在第一道防水層施作前，必須先以15～20公分寬的玻璃纖維網在浴缸的四個角落補強防水。

廚房或衛浴在重新裝潢時，請問要注意哪些防水細節呢？

👓 A：

以廚房地面重新鋪設防水層為例，除了要平平地鋪上一層，遇到牆面或有門檻的地方，防水層也要垂直地往上塗布。如果垂直面跟水平面的防水鋪面沒有銜接，可能會出現漏水問題。還有，排水孔的周圍也要注意防水層的收頭。

若是防水層沒有跟管子接合而產生連續性的截水功能，水就會從管子週遭的漏洞往下滲漏。

廚房、浴室漏水成因及如何抓漏

Point 2

 了解成因

◎ 管線破裂

1 使用超過 15 年就該更新管線

老公寓特別容易產生漏水問題，主要原因就是因為老房子通常都已經 30 至 40 年的歷史，長期使用的管線自然容易老化毀損，一般建議如果使用 15 年以上的管線就需要更新，否則將會隱藏著漏水危機。

2 冷熱水管破裂導致漏水

其中以熱水管的管線破裂最為常見。廚房和衛浴空間的水管，一般都有冷熱水管而熱水管容易產生熱脹冷縮的物理效果，在長期使用下，如果沒有更新，久了自然容易產生破裂現象，這種情況下的抓漏需要靠有經驗的師傅來判斷，甚至需要借助工具輔助，才能找出漏水原因。

浴廁空間隱藏了看不見的冷熱水管，一旦破裂就成了最難以「抓漏」的部分。圖片提供 _ 朵卡設計

因翻修不慎而導致的管線破裂雖好處理，但裝潢施工時仍需特別小心。圖片提供 _ 朵卡設計 ▶

3 裝修工程不慎導致漏水

屋子翻修時，施作師傅只要不慎，就有可能在挖掘地面時導致管線破裂。這種漏水現象反而比老房子年久失修的隱藏性漏水來的明顯和好處理，只要馬上更換管線即無大礙。

◎ 外力引致

1 屋頂或樓上積水

來自屋頂或樓上的積水、溢漏問題，也會是造成廚浴漏水問題的因素之中。圖片提供 _ 朵卡設計 ▶

住頂樓的住戶特別容易遇到漏水問題，通常是因為屋頂的排水不順，長期累積水氣，或是樓上鄰居翻修浴室，破壞了原本的防水層，導致地面積水。濕氣如果沒有得到排解，就會下漏，造成樓下的天花板開始滲水。

2 建造時填縫不實在

建築物本體如果在建造時填縫不實，導致牆面之間的縫隙太大，或是混凝土的混合比例不對，都容易導致牆面產生收縮裂縫，因而造成漏水。如果是因為屋子本身的結構問題產生，通常解決起來也比較費工。

⊕ 如何抓漏

◎ 檢查水痕

1 查看屋內牆面的水漬痕跡

若是新購的老房子，最好在購屋前查問清楚，並趁下雨後再去屋內檢測是否有新水痕，如果有新水痕代表有漏水狀況。如果發現水痕，可以先觀察水痕痕跡，面積愈大處愈有可能是漏水處，再跟樓上住戶反應狀況。

2 浴室和廚房的貼磚面，縫隙是否有水

一般來說，浴室和廚房的壁面和地面，為了防水都會鋪磁磚，同時因為這兩區聚集了冷熱管線，最容易漏水。因此檢查時除了留意水漬，磁磚縫隙間是否有漏水也是關鍵。

◀ 廚浴牆面及地板磁磚縫隙間的水漬，往往是抓漏的重要線索，即使接縫細密也不可忽視。圖片提供 _ 朵卡設計

木作天花板內包覆了繁複的水電管線，一旦室內發生漏水，一定要拆開檢查，尋找漏水源頭。圖片提供 _ 朵卡設計

3 看不見的地方也要檢查

現代人裝修時習慣包覆天花板，將管線都埋藏在裡面，因此檢查漏水時，一定要打開管道間，仔細檢查是否有滲水現象。黏貼壁紙的牆面也一樣，有可能漏水狀況隱藏在壁紙牆面內，最好一開始就能檢測，如果等到壁紙出現水痕時，代表漏水已經嚴重了。

◎ 漏水測試

1 觀察漏水的狀態

漏水一般分成三種。下雨才漏、三不五時漏以及時時漏。如果是下雨才漏，可能是外牆或是管道間，三不五時漏可能是排水管或是地板縫隙滲水，如果時時漏那就可能是冷熱水管有裂縫。可以先行觀察，再告知修繕師傅，讓師傅更能研判漏水原因。

浴室冷熱管若出現裂縫，就會形成頻繁的漏水情況，施工時就要特別注意。圖片提供＿朵卡設計

水電師傅完成防水工程後，可自行測試驗收排水管是否漏水。圖片提供＿朵卡設計

浴室若有漏水，最易在浴室外牆上觀察到。圖片提供＿朵卡設計

2 檢查排水管是否有問題

不一定要等水電師傅來，可以先自行測試排水管是否有漏水問題，只需將廚房和廁所地板的排水管先拿布堵住，然後積滿水，最後再將水放掉，就可以了解排水是否有問題了。

3 觀察是否結構本身出問題

浴室如果防水不良，浴室外牆就容易出現滲水問題，如果只有洗完澡，才發生牆面滲水的狀況，而且伴隨著漏水時，就代表浴室牆面防水不良，時間一久，外牆也有可能開始出現壁癌。

Point 3 廚房、浴室斷水、防水工法解析

斷水工法

適用情境	以防後患，斷絕漏水可能性。

行情價位	連工帶料 每坪 NT$1,000 ～ 2,000 元。

施工步驟

不論斷水或防水，都需要將牆面打掉直至看見水管埋藏處為止。圖片提供 _ 朵卡設計 ▶

STEP 1 拆除到見底

首先要將地面、壁面的牆面打到見 RC 結構處，也就是見到水管埋藏處，才能檢查管線是否有漏水。如果是老房子，無論是否漏水，都建議把管線換成不鏽鋼材質，延長使用時限。

STEP 2　重鋪泥作

等待水電管線已經施作完畢，確認管線更換完成或沒有漏水問題後，就要重新鋪水泥埋藏管線，同時做防水處理。

管線更換完成重鋪
水泥後，才可依程
序作防水塗布。圖
片提供 _ 朵卡設計 ▶

STEP 3　浴缸施工

浴缸粗分為磚砌及 FRP 壓克力浴缸兩種，其中 FRP 是較廣為使用的類型，施作時需將浴缸與牆面保留 1 公分的距離，作為日後砌磚空間，並請水電師傅或衛浴廠商先「立缸」（泥作立缸砌磚須先完成，如圖：ㄇ字型），並建議在缸底預留二排水口，一口為浴缸排水口，另一口為浴缸產生冷凝水排水口（泥作需洩水坡度效果為佳），才能完整作好浴缸的排水排濕。磚砌浴缸通常需以大理石作為平檯，透過石材平整特質與浴缸周圍作完整密合處理。

浴缸安裝前須先預
留兩個排水孔，作
ㄇ字立缸。圖片提
供 _ 朵卡設計 ▶

STEP 4　淋浴拉門施工

若是乾濕分離型的浴室，淋浴拉門的門檻最好是嵌在地磚裡面，避免僅用矽力康（建材填縫劑）固定淋浴門與地磚，因矽力康有其使用期限，時間久了還是會產生有礙觀瞻的霉斑。

浴室內乾濕分離區域門檻需從地面底部嵌入。圖片提供_朵卡設計 ▶

STEP 5　做好斷水基礎後，就能鋪設磁磚

平日看到的廚房、浴室都是已經鋪設好磁磚的漂亮模樣，但鋪磁磚前的防水才是最主要的工程。等待基礎工程結束，就能鋪磁磚，重新擁有一間漂亮的廚房和浴室了。

美崙美奐的廚浴設計，往往挾帶了看不見的防水工程。圖片提供_朵卡設計 ▶

廚房、衛浴防水工法

適用情境	完善的防水工程，才能高枕無憂

行情價位	連工帶料 每坪 NT.1,000 ～ 2,000 元

施工步驟

STEP 1 以彈性水泥作好防水層

彈性水泥是一種以高分子共聚合乳化劑與水泥系骨材混合而成的水泥材料，有極佳的耐候性、耐水性和彈性，通常會在貼磚前預先施作，施作完成後會形成一個防水保護層，對於阻止水分入侵有相當程度的功效。漆刷彈性水泥，能達到妥善的防水效果。

彈性水泥常應用於廚衛空間中，是防水工程中不可或缺的素材。圖片提供 ＿朵卡設計 ▶

STEP 2 施作防水層阻斷水氣

由於頻繁的淋濕，浴廁地坪需全面施作防水層，牆面的部分則可視用水情況施作，一般淋浴空間至少需從地面加高做到 180 ～ 200 公分以上的防水層，最理想是做到天花板高度，強化浴室牆面的防水效果。

廚房同樣需全地坪的防水層，牆面的部分則可視用水情況作彈性施作，一般住宅至少需從地面往上施作 90 ～ 120 公分以上。此外，廚房施作防水層時，遇到牆面或有門檻的地方，則要垂直往上塗布，注意垂直面與水平面的銜接。排水孔周圍也要注意防水層的收頭，若防水層沒有和管子接合而產生連續性的截水功能，水就會從管子週遭溢漏。

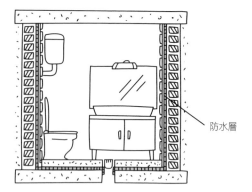

防水層

浴廁及廚房都需要全地坪的防水層，防水層的收頭要接合排水孔，才能確實達到斷水、防水功效。插畫 _ 張小倫 ▶

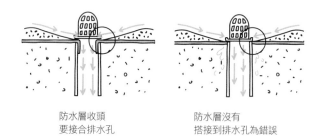

防水層收頭
要接合排水孔

防水層沒有
搭接到排水孔為錯誤

STEP 3 重點加強防水機能

針對廚房、浴室容易淋濕的轉角壁面使用不織布及玻璃纖維加做防水層，不織布能加強防漏，玻璃纖維則具有抗裂效用，尤其是轉角處舖設能強化地震時的震動影響整體結構造成的損傷，減緩漏水發生的可能性。

轉角處需有加強防水的機制。圖片提供 _ 朵卡設計 ▼

STEP 4 最後鋪設磁磚即完工

磁磚也具有防水效果，因此浴室建議整室鋪設磁磚，至少淋浴處必須鋪設，才能讓防水的功效提高，不讓壁面過分受潮。

◀ 磁磚比油漆、壁紙更具防水機能，特別適用於易潮濕的廚浴空間。圖片提供 _ 朵卡設計

監工驗收要注意 ☑

1 做積水測試

建議在施工完畢後，將排水孔堵住，然後蓄水到一定水位（約 2～3 公分），等待 1～2 天後，從水位變化檢查四周牆面和地面有無滲漏現象，如果無任何滲水現象，就代表防水工程施作良好。若發現滲漏，則需檢查漏水點，重新施工。

圖片提供 _ 朵卡室內設計

2 牆面檢查防水功效

防水施工後的驗收，針對淋浴空間的壁面，應採取淋水試驗。用水管在做好防水塗料的牆面，不間斷噴淋 3 至 4 分鐘，再靜待數分鐘，觀察牆體另一側若無滲透現象，才算驗收完成。

3 檢查洩水坡度是否良好

建議浴室要檢查洩水坡度，試著蓄水再排水看是否順暢，如果出現積水問題，則未來漏水的機率很高，最好在施工期間就能發現，可以立即彌補。

改裝衛浴空間防水實例

Point 4

CASE1　　浴室外牆若不做好防水處理，恐發生壁癌

BEFORE

壁面明顯產生了壁癌狀況。

☐ **屋況 CHECK**

1 檢查壁面是否油漆剝落、產生壁癌。
2 檢查天花板是否有水痕。

☐ **施工要注意**

1 找有經驗的師傅最為妥當。
2 施工前要問明施工工法及使用建材。

一般只重視浴室內部的防水，但如果牆面本身結構受損，濕氣有可能延伸到外部，造成緊鄰浴室的牆面產生壁癌。如果已經發生了壁癌，必須將結構打到底，並打到產生壁癌之處退後至少 30 公分。打到底是為了排放水氣，而且磚塊本身也會附著濕氣，耐心等待乾燥一段時間後，就可重新粉光、泥作補土，然後上防水漆，加強防水功效。

AFTER

▲ 施工後的壁面已經做好防水處理。圖片提供 _ 朵卡室內設計

除漏步驟這樣做

STEP 1
拆除發生壁癌牆面
到見底。

STEP 2
等候水氣散去。

STEP 3
重新粉光補土。

STEP 4
施作防水層。

STEP 5
表面上漆或貼磚。

漏水糾紛處理及法律問題

 上下樓漏水權責歸屬

◎ 協調抓漏事宜

1 大樓住宅找管委會調停

發生漏水狀況時，新大樓一般設有管委會，可以依照「公寓管理條例」，請主委代為調停。

2 公寓住宅鄰居須配合處理

若是老公寓，少了第三方(管委會)的調停，就得親自與鄰居住戶交涉，根據「公寓管理條例」，對方必須配合處理。面對難以溝通的鄰居，可蒐集損失證明，例如地板因為泡水而衍生的翻修費用，可先預估好所需金額，同時拍照記錄毀損處的狀況，以具體舉證申請理賠。

3 鄰居擺爛只能對簿公堂

如果鄰居拒不出面處理，可以訴諸法院，但通常法院會請受害者先墊付鑑定費用，等待法官裁定後，確認是鄰居漏水導致，才能申請代墊費用。只是鑑定費用高昂，建議雙方私下和解。

◎ 賠償金事宜

1 屋主依損失提證明

由屋主依據漏水造成的實物損失提出證明和賠償金額。

2 有爭執可由法院裁定

若有爭執，屬於民事訴訟，可由法院代為裁定。

◎ 公共區域漏水權責歸屬

1 找管委會出面調停

如果有管委會，由住戶告知管委會，由管委會處理。

2 無管委會住戶共同承擔

若無管委會，若是樓梯間的公共區域，由住戶共同承擔。若是頂樓加蓋處，且已由頂樓住戶侵佔，依照「漠視分管契約」，當由頂樓住戶承擔修復費用。

 購屋漏水權責糾紛

◎ 入住後漏水權責劃分與費用賠償

1 入住是否滿半年是判斷關鍵

法律對於「漏水」的定義，通常以雙方舉證為主，而漏水的權責劃分，則與入住時間為重要參考點。例如新住戶入住未滿半年就發現漏水，需請前屋主提出交屋時無漏水的確實證明，確認交屋時房屋無任何漏水瑕疵，漏水狀況可能是新住戶入住後造成，得自負損失。若前屋主提不出舉證，代表可能有隱瞞之責，必須加以賠償。

2 入住超過半年通常由現任屋主承擔

若是入住超過半年才發現漏水，那麼責任歸屬傾向在現任屋主身上。因為或許是現任屋主使用不當，或管線老舊產生破裂，剛好產生狀況。而前屋主交屋到現任屋主入住後已經過了半年以上，代表前屋主交屋時的確沒有隱蓋事實，除非現任屋主能提出充分的舉證，否則漏水的責任歸屬會是由現任屋主承擔。

◎ 購屋的漏水糾紛該如何避免

1 要求屋主提供無漏水證明

建議購屋前最好多探訪幾次，觀察屋內是否有漏水，並請屋主提出證明，或是在買賣合約內註明。

2 事先了解大樓管委會運作

購屋前最好打聽清楚公寓的管委會運作狀況，以及公寓發生糾紛時的處理態度。

千萬要避免！
廚房、浴室抓漏常見 NG

插畫 _ 張小倫

NG 1

工人說做積水測試花時間
又多浪費錢

 正解！

通過積水測試，才能確保防水工程的完備無虞。

積水測試是最直接有效的驗收方式之一，但由於曠日費時（需花至少兩天的時間觀察），師傅常以自身經驗專業保證，或以額外收取工錢等理由讓屋主打退堂鼓，但此測試能確實檢查到工程的瑕疵，發生漏水也能快速查究出漏水緣由，比起所有工程完畢、入住後才發現漏水，早期發現也將能使損失降至最低，也最能減少日後爭議。為避免額外索取不合理費用，可在所有工程施作前的議價階段，即將此測試列入執行項目。

插畫＿黃雅方

NG **2**

**浴廁旁的牆面壁癌，只要
定期刮除就好**

 正解！

浴室旁牆壁壁癌，往往與管線漏水有關，需詳查。

發生在浴廁外牆的壁癌，與
浴廁水管破裂、漏水有絕大
關係，就算面積較小，也得
確實查究原因，並將結構打
到底，重新作防水工程，僅
以防水塗料塗佈表面，不僅
無法斷水防水，也會使壁癌
面積愈來愈大。

插畫 _ 黃雅方

NG **3**

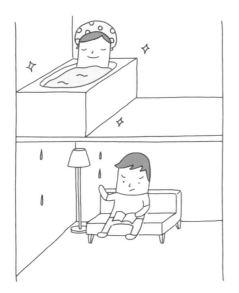

**使用剛完工的浴室泡澡，
被樓下鄰居投訴漏水**

 正解！

不容小覷的浴缸內裡排水與洩水

一般人往往挑選尺寸適合的浴缸嵌在浴室內，但浴缸和壁面之間，不可能完全密合，導致殘留的空隙容易在泡澡時熱氣凝結囤積水氣，一旦沒有充分排解，就有可能造成隙縫黴菌、壁癌的產生。因此不僅需要求水電師傅或衛浴廠商，作好「立缸」工法，更需在浴缸內裡作好二口排水口，全面防堵可能的水氣外漏。

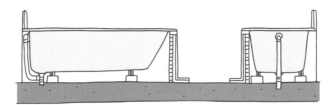

插畫＿黃雅方

Part

無水源也漏水篇

成因謎樣的壁癌滲水，從改善房屋體質著手

漏水形成原因一定是直接因管線而來？其實不然，房屋結構本身很可能也是形成漏水、造成壁癌的問題之一，甚至氣候問題如：颱風風壓、吹南風反潮等，亦會讓水氣滲入建築裡，造成短暫、局部漏水或潮濕情況。究竟無水源也漏水的成因有哪些？室內室外的解決之道又該如何進行？一步一步從房屋內到外尋找根源，改善漏水、根除壁癌。

 專業諮詢專家陣容

賀澤室內裝修設計工程
有限公司主持設計師
張益勝

對於室內設計有著一定的堅持，不只著重於施工細節，對於室內設計的好品質，至今也不斷地在持續鑽研，讓設計完善生活空間之餘還能很舒適。

特力屋好幫手主任
彭治達

擁有多年裝修經驗，也善於居家修繕的各項服務，對於房屋所引發漏水壁癌等問題也能快速地找出問題源，給予消費者最適切的建議與修繕方法。

房屋防水專家
陳啟順

憑藉多年對漏水、壁癌修繕工程的經驗，經手許多相關修繕案例，總能適時根據環境、漏水問題等，提出不同的維修建議，協助消費者改善漏水問題，讓居家環境更舒適。

無水源也漏水常見 Q&A

室內牆壁冒汗或地板反潮這些現象也算是漏水嗎？原因為何呢？

A：

牆面冒汗或地板反潮通常是有 2 種因素導致：一、漏水。因牆內管線破損或外牆滲漏。二、室內濕氣太重，水泥吸水所導致。而造成室內濕氣重的原因，多半是因為所在位置的環境關係，如透天老屋的地基反潮處理沒做好，一旦地下水位升高，室內環境也就跟著汗流不止。

地板表面自己會潮濕，到底是反潮，還是結露？

A：

結露跟反潮是不一樣的現象，可依出現位置判斷。

潮濕山區的建築可能會出現結露現象。當飽含水分的空氣碰到建築物，因為後者溫度較低而產生凝結，道理就和放進冰塊的杯子一樣，杯緣凝結出水滴。結露可能出現在立面的牆壁、玻璃窗或是樓板及天花板。

反潮只發生在一樓的地板。所謂的反潮，就是水氣從樓板浮出的現象。當天氣炎熱，土壤內含的水氣會上升，進而滲入建築的地板，如果室內溫度較低，樓板內含的水氣就會在地板表面凝結而形成反潮。由於來自土壤的濕氣沒辦法升至一樓以上的高度，所以，蓋有地下室的房子不會出現反潮，二樓以上的樓層也不會有反潮。也就是說，潮濕的房子有可能於夏季時節在一樓出現反潮。

此外，如果地下室的地板潮濕，那不是反潮也並非結露，而是漏水！地下室漏水的原因通常是防水層的高度低於地下水位，導致地下水滲入建築所致。

Q3

家裡有壁癌現象，表示一定有滲漏水問題嗎？

👓 A：

有時候滲水不見得是下雨所造成的水氣滲入牆壁內，台灣因為氣候潮濕，自然形成的「濕氣」也是造成壁癌的重要原因。另外，建築的結構材料內一定會含水，縱使只是一點點的水氣，久而久之都會產生變化，這時就有可能產生壁癌。壁癌一旦產生，就如同乾毛巾滴上水，會因為毛細現象越來越擴大範圍，除非水氣消失，否則很難根治。

Q4

客廳天花板壁癌嚴重油漆剝落，但上方也是鄰居的客廳沒有水管經過，是什麼原因呢？

👓 A：

由於水泥會吸收水分，達到飽和時便會透過裂縫處滲出。因此要往周邊空間有水管經過的區域擴大檢測，是不是有浴室、馬桶、流理台等排水管堵塞或給水管破裂，長期滲入樓板水泥層並擴散至鄰近區域，潮濕形成壁癌，或順著因地震等外力造成的裂隙滴出。

抓漏需要鄰居配合，由於漏水成因很多，有各種可能性，不見得一兩天就能夠找到源頭，發現問題點的後續修繕及衍伸費用如何分攤，也需要協調。發生漏水是誰都不願意的事，不管是被漏還是漏到別人家，溝通時若能以同理心對待，保持禮貌和理性，讓已經惱人的漏水問題得以不傷害鄰居感情的方式完善解決。

Point
2

屋頂、外牆、室內漏水
成因及如何抓漏

? 了解成因

◎ **屋頂面材年久老化龜裂，出現發霉、漏水現象**

1 石材牆接縫處本身矽利康老化或未加做防水層

石材出現裂痕多落在接縫或邊縫處，而其接縫之間，理應會先於結構體加道防水層，再用矽利康將縫填滿。出現漏水主因在於矽利康老化，水便從裂開的地方滲入，另一方面若施工時取巧，僅以矽利康填補接縫並取代防水，直接省略施作防水層部分，久了，外牆開始吃水便直接進入到室內。

2 水泥、抿石子牆表面開始出現裂縫

水泥、抿石子牆面，因本身建材無

石材接縫處的矽利康老化剝落，產生縫隙，水便容易進入。攝影＿ Amily

彈性之關係，且為吸水性材料，日曬雨淋久了便會產生裂紋，另一可能則是因為地震擠壓原理，造成牆壁出現滲裂情況，雨水有地方可進入，接著室內就慢慢開始有滲水現象。

3 磁磚本身剝落或表面釉老舊產生龜裂

磁磚外牆產生漏水，導致室內壁癌情況，其因主要在於老舊建築結構體本身沒有施作防水層，或防水層因為老舊而出現磁磚表面的釉龜裂，水容易從龜裂處開始往結構內滲進去，進而再竄至室內。

住宅外牆若未定期保養、修復脫落的磁磚，外層就無防護，牆面便開始吃水。攝影＿余佩樺 ▶

◎ 屋頂、牆面青苔與植物滋生

1 深根樹種向下扎根穿透頂樓或外牆

屋頂或牆面有植物蔓延，其根系便會鑽進建築表面，雨水就可能趁隙進入。攝影＿余佩樺 ▶

不少人會在住家頂樓種植樹木，或是鳥類在飛移過程中會散佈樹的種子，這時可能就散佈在頂樓、外牆上，無論自種或外力因素，若樹種屬於深根性質，盤根錯節的樹根只要吸飽了水，便會不斷地到處亂爬、亂竄，不只會鑽破建築表面材，甚至也會入侵到結構中。

2 喜好濕暗環境的青苔開始在建築蔓延

因外牆經常受到狂風暴雨、烈日曝曬等侵襲，長時間下來，建築外牆建材可能早以老化，並開始有裂縫、孔洞等出現，再加上青苔喜好潮濕、陰暗環境，這時若建築物本身的滲裂含水時常達到飽和，甚至在室內見到滴水，青苔就容易開始在這些地方蔓延生長，建築外觀長青苔，代表建築物本身的含水率頗高。

有青苔生長的地方，表示牆面含水量可能較高，應及早進行檢測。攝影__ Amily

◎ 內外牆受外力出現小裂縫

1 地震搖晃，房屋內外牆出現裂縫

台灣地震頻繁，每當激烈搖晃後，建築體便在其中受到影響與變化，像是房屋牆面會出現裂痕便是情況之一，出現裂痕代表牆面受到破壞，有些縫隙明顯，但因樓高過高無法即時修補，或有些縫隙未達需要即時修補，水可能會經由這些縫中進入牆壁內部。

2 施工不當，日久出現裂痕

牆面裂開形成原因跟施工也有著相互影響的關係，除了當時施作的氣候溫度，以及施工者在調配水泥砂漿的比例、施作力道、伸縮縫預留、填縫材料的品質……等，這些都可能關係著牆面的發展，甚至是日後可能產生的問題。

因地震或施工不當，而造成裂痕，雨水便有隙可趁。攝影__ Amily

外牆自然老化剝落，失去防護層，水便會進入室內。攝影＿Amily

◎ 外牆面材剝落、鋼筋裸露讓水由外竄入室內

1 外牆材出現自行剝落現象

有些建築外牆的施作屬舊式方法，像是石材外牆透過水泥黏貼於牆上，兩者相結合、又皆屬於硬質地的填縫劑，一旦遇到地震，在沒有緩衝的彈性下，比較屬於弱接力面那一方就會裂開、脫落。另外，也有可能外牆材本身因品質不良或粘著不良等，造成剝落情況，無論哪一種，有這樣的現象產生，水就會開始往內流入。

2 外牆材剝落，鋼筋出現鏽蝕情況

建築外牆材質出現剝落情況，加上未即時做修補，雨一來且其內又含氯離子，再與鋼筋、混凝土接觸後，會產生一些改變，像是鋼筋會出現鏽蝕、水泥會崩離等，水就會從這些地方慢慢滲透，先是結構層進而再深入到室內牆面。

水氣與鋼筋接觸後，產生化學作用，造成鋼筋鏽蝕，水泥也會隨之崩離，擴大滲水縫隙。攝影＿Amily

◎ 建築外牆本身防水層防水能力逐年下降，導致滲水

1 防水材質年久出現老化情況

防水材質有使用年限，一旦超過時間，材質便會出現老化、脆化、翹起、剝落等現象，連帶的其防水能力亦會跟著下降，如此一來水不再被有效阻隔，就會開始流向其他地方或室內。

2 外露且歷經日曬雨淋

防水材質多半是施作於室外如：屋頂、外牆……等，這些地方不僅直接外露，並且還得接受日曬雨淋的考驗，這些氣候外力因素，幾年下來也會漸漸讓防水層喪失該有的防水能力。

◀ 長期日曬雨淋，外牆防水層失效。攝影__余佩樺

◎ 環境氣候產生短暫漏水或造成建築潮濕

1 反潮現象讓房子像「流汗」

台灣地理環境關係，季節中偶有「反潮」現象，即南風夾帶溫暖水氣，在白天水氣含量與溫度均高的空氣進入屋內，但是到了夜晚，溫度突然下降，外冷內熱下，水氣出不去往上跑，屋內便會有水珠產生，特別是像磁磚、防水油漆等具光滑面材質，特別容易形成。

有地下室或位於一樓，建議在與地面交接處施作防水層，才能有效防止土地裡的水氣向上進入室內。插畫 _ 張小倫 ▶

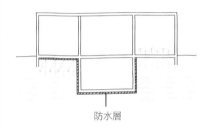

防水層

2 颱風風壓助長雨水滲入的強度

颱風來臨時不只會夾帶大量雨水，也會出現非常態的風勢與風壓，經由這兩個因素助長了雨水附著於建築物表面滲入結構的強度，便容易將雨水從細縫中，或是窗框邊處吹入室內。

◎ 屋內工程未施作確實，引發漏水情況

1 新舊水泥銜接未做分界止水

建築物灌漿非一次完成，而是經由一層一層疊起，中間的層疊之間仍可能有縫細產生，若新水泥灌注於舊水泥上，之間又未做分界，這部分很可能就是形成吃水的原因之一，長時間累積下來，水無處可去便就會有漏水問題產生。

2 裝修拆除工程後樓板未加鋪防水層

舊屋樓板最常見約 12 公分，其中鋼筋僅一層且水泥結構較差，因此，在進行室內裝修工程前，通常會先做拆除動作，並接著在地板先塗抹一層防水膜，阻斷水往下流的可能性。

◎ 室內結構牆內的水管本身出現問題，引發牆滲水

1 水管老舊裂開滲漏至它處

置於結構內的水管無論是使用塑膠材質，還是不鏽鋼材質，一旦長年累積下來會出現老舊情況，塑膠管很可能本身老舊脆化而裂開，不鏽鋼管則可能因為彎頭的止洩帶老化出現溢水，因此現在新式施工法多採壓接管施作，無論哪種水管裂開後水便開始往其他處流散出去。

牆內水管老舊脆化破裂，造成漏水。攝影＿余佩樺

2 水管銜接處產生鬆脫

由於台灣位處於地震帶上，地震一來，建築歷經地震搖晃後，很可能結構體內會出現變化，其中位於建築結構內的水管銜接處很可能引發鬆脫或嚴重斷裂等情況，一旦有上述情形，水就會溢流出來，此現象常見於共同管道間的舊大樓。

管線不預埋，好處是日後維修較方便。插畫＿張小倫

◎ 冷氣管線結露或排水不良引發漏水

1 冷媒管和排水管外層未做包覆或破損

一般隱藏在天花內部的吊隱式冷氣，需注意冷媒管外層是否有包覆保溫材料，這是因為輸送冷氣的過程中，冷媒管的管線溫度較低，如遇溫暖空氣，則容易產生結露現象，進而滴水至天花，久而久之就會發現天花產生一圈水漬。因此若發現天花水漬，除了考量水管漏水外，也需檢查空調管線是否有問題。

2 排水管線堵塞，水盤因而溢水

空調的排水會先集中在水盤上，再流入排水管中。而排水的水質多半有雜質，時間久了會造成排水管堵塞，當水排不出去時，就會積在水盤造成溢水，冷氣主機的下方天花就會發生漏水情形。

不只冷媒管外層需包覆保溫材料，建議排水管也可一併包覆。這是因為排水管輸送的是冷水，管線溫度相對較低，若有包覆材料，則可有效避免結露造成的滴水問題。攝影＿蔡竺玲

◎ 室內潮濕，牆與地面接縫處出現發霉漏水情況

1 接縫處有孔洞出現發霉情況

磁磚牆亦有使用水泥做填縫銜接，但水泥在填補過程中，仍是會有孔洞產生，一旦室內環境潮濕且高溫，在兩要素的共同助長下，促使黴菌滋生，並引發發霉進而侵入破壞牆面，產生漏水或壁癌。

2 矽利康接縫產生發黑質變

有些營建商習慣在磁磚牆面與地面銜接時，以矽利康對細縫進行填補，若未在結構層施作良好且全面性的防水，由於矽利康有使用年限，年限久了未更換下就會出現變黃、發黑情況，代表矽利康已質變，防水能力不再，就會相繼出現漏水、壁癌問題。

◎ 增設水管或落水頭施工介面未盡理想，使水往下流造成漏水

1 樓板間新裝水管未加設防水收頭使水往下流

在樓層與樓層之間的樓板增設水管時，會破壞到原有的防水層，應加強新設水管周圍防水層的收頭，若未注意該有的施工步驟，水很可能就從管線周遭往下滲流，造成樓下的天花板、牆面出現漏水或垂流。

2 落水頭與老師傅的習慣

排水管的管口通常都會設置落水頭，但早期一些泥作的老師傅，在貼地磚的過程，常常會順手用鐵鎚將預留出地面的排水管敲出一個洞來，讓地磚表面的溢水能順利排掉，但這樣的施工方式，往往會造成已經完成的防水層因為敲擊而產生細縫進而滲水；抑或是排水管因為敲擊而造成暗裂而無法察覺，常常要入住一段時間才會發現漏水。

3 落水頭未與防水工程配合得當

位於落水頭下方之排水管口，正規的施工方式應該貼齊於地面打底，再塗上

防水層及纖維網，使之彎入管口約 2cm，完成後再依磁磚厚度的施作套管，疊於排水管口，地磚完成時才一併安裝落水頭，但這樣的施工方式，往往需要水電師傅多跑一次，所以經常會被省略，防水層常常只做到管邊，封邊又不確實，水就會從管邊往下滲出，甚至流向樓下。

4 存水彎清潔口止洩帶或止洩橡膠環老化

因排水管下層的存水彎清潔口止洩帶或止洩橡膠環老化產生滴漏。

 如何抓漏

◎ 外牆本身與防水層是否出現異狀

1 僅外牆剝落出現裂痕

外牆出現剝落、裂痕的情況，但未傷觸及室內牆，代表可能未過於嚴重，水還未能直接滲透入室。

2 內牆出現水痕、表面突起與粉化

外牆剝落、裂縫，導致對應的室內牆面開始出現了水痕、表面有突起、粉化及剝片……等情況，表示水很可能是從這些裂處穿過結構、再到牆面本身。

注意牆面是否有油漆剝落的情況。攝影__余佩樺

3 外牆或屋頂本身防水層已老化

外牆或屋頂本身有施作防水層，但牆面既無受損卻仍出現漏水情況，很有可能是防水層已老化，並喪失防水功能，才使得水流入室內。

◎ 陽台落地窗附近是否容易滲入水

1 陽台落地窗附近的排水孔是否暢通

落地窗位於陽台處引發室內滲水，首先檢視陽台內的排水孔是否有阻塞情形。

2 落地窗與地未預留高度

落地窗未與陽台地面，兩者之間理應至少有 5 公分的距離，預防水流進室內。

◎ 檢視室內牆面是否出現水痕、壁癌

1 測試是否為雨水或給水管問題

漏水問題，就室外多半為下雨而致，若室內則是內部水管導致，前者可透過每逢下雨時做記錄判斷，後者則可將水源總開關關閉進行測試。

2 浴室、廚房多為排水、熱水管生鏽老化造成漏水

排水問題多在衛浴、廚房，首先須排除給水管線的問題，再放水測試排水管，檢視排水管及存水彎接處是否有裂開、鬆脫的情況，若無，再將地板排水孔封閉，將水放滿浴室地板，再檢查樓板是否有滲裂處滴水，再者可以檢查共用管道間的牆面是否滲水，最後才是飽和性含水，檢查浴室共用牆靠近地板約 15 公分處，是否有油漆剝落、壁癌的現象，代表防水層未做足水開始從牆內溢散所致。

3 每逢颱風才漏水屬外力問題

每到颱風因極強的風壓吹襲下，雨水從窗框裂縫往室內送，甚至吹壞窗框雨水直接落入屋內，此漏水情況屬外力問題。

4. 舊公寓大樓共用管道間滲水問題

30 年以上之老舊建築，常因地震或水管材料老舊，產生不明原因的脫落或斷裂，而造成管道間的嚴重滲水。但最常見的屬高樓層裝修，不慎將管道間的磚頭擊落，間接砸中較低樓層的給水管，導致給水管大量出水，引發低樓層住戶淹水的情形，較常見淹水的是 2、3 樓。

◎ 室內水管管線是否有異狀

1 水管裝設時是否得宜

水管裝設時是否有加裝防水收頭，甚至就連對應的落水頭配置時有採取較新式的技術，讓防水不至於被水管位移而破壞，達到更加穩固的效果。

2 結構內水管出現問題

若關了水源總開關，仍發現漏水問題，亦須注意水錶是否因水閥關閉造成減壓，若是這種情況，極可能是本身管線出現異狀，如時間久出現老舊情況而引發漏水問題。

Point 3 　無水源也漏水之斷水防水工法

防水塗料 DIY

適用情境	問題範圍不大，可自行 DIY 修補。

行情價位	外牆防水： GUL15 年水性乳膠護壁負水壓防水漆，NT.760 元
	屋頂防水： 虹牌漏克補水性防水材 1G，NT.860 元
	壁癌修補塗料： 貓王強效壁癌全能包，NT.1,215 元

攝影 _Amily

施工步驟

STEP 1　室內外牆面清理乾淨
將內牆有脫漆部分刮除乾淨，另也要一併處理滲水的室外牆面，同樣將有脫落的油漆刮除乾淨。

STEP 2　靜置約 1 週讓牆面乾燥
靜置約 7 天，主要是要讓室內牆完全乾燥。

STEP 3　修補室外牆面
由於外牆有裂縫引發室內牆漏水，因此在清除外牆脫落油漆面後，需要以無收縮水泥將牆裂縫做填補。

STEP 4　批土使牆面平整
以抹刀將批土塗至牆面，讓其達到平整效果。

STEP 5　外牆塗上防水塗料
外牆部分要防水塗料，阻隔水再次入侵。

STEP 6　內牆塗上漆
內牆靜置時間到後，再重新粉刷室內塗料即可。

6／無水源也漏水

高壓灌注

適用情境	內局部牆面、天花板、窗戶角裂適用。

行情價位	依問題源、材料、施工人力等共同計價。

施工步驟

STEP 1　漏水處附近鑽洞

先找到漏水處後，並在附近一帶鑽孔洞。

STEP 2　植入高壓填縫針

在鑽完成的孔洞處放入高壓填縫針。

STEP 3　將防水發泡劑灌入牆壁中

將高壓填縫針接上高壓注射管，並啟動灌注機以及將發泡劑以高壓灌入其中，隨填滿選程中也將縫細堵住，過程需要相當的經驗值，若猛灌發泡劑，可能導致牆體或窗框變形或爆裂。

確認範圍後，用
「打針」方式反推
測出水路、一一防　▶
堵。圖片提供＿劉
同育空間規劃

STEP 4 靜置1～2天讓發泡劑凝固

由於發泡劑凝結需要時間，在注射完畢後，建議至少要靜置1～2天，讓其凝固。

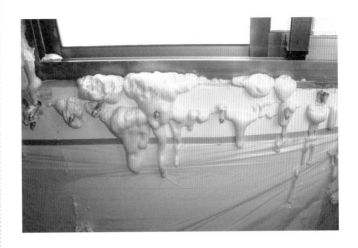

防水人員需憑經驗打入適量的發泡劑、不足再補，若發現外牆已有發泡劑冒出則表示已經足夠。圖片提供＿劉同育空間規劃

STEP 5 將牆面表面多餘的發泡劑刮除

注入有發泡劑的牆面，可能會出現表面溢流的情況，因此需要先將水泥牆表面多餘發泡劑刮除。

STEP 6 將高壓針拔除並填補止水粉泥復原針孔

將高壓針稍微旋轉拔除，並用止水粉泥填補牆面上的針孔。

STEP 7 如遇壁癌粉狀起毛的表面需整治

如牆面有明顯壁癌粉狀起毛的表面，需將表面的粉光層剔除，再重新以水泥砂漿粉光復原，否則油漆一段時間即會再剝落。

STEP 8 批土使牆面平整

以抹刀將批土塗至牆面，讓其達到平整效果。

STEP 9 上表面材即完成

若表面材是油漆，則最後塗上油漆便完成。

PU 防水材

適用情境	加強外露牆面與屋頂的防水性。

行情價位	依坪數、樓高、PU 防水材等級共同計價。

施工步驟

STEP 1 打除舊有面材或防水材
以屋頂為例，打除原舊有的面材，或是原本老化的防水材。

STEP 2 先以水泥砂漿進行鋪設
清潔乾淨的屋頂，先以水泥砂漿進行鋪設。

先以水泥砂漿鋪
底。圖片提供 _ 劉 ▶
同育空間規劃

STEP 3 澆水進行養護
鋪設完水泥砂漿後，澆水進行養護動作。

STEP 4 修補裂縫並清潔地板
養護完後會讓環境保持乾燥，而後則是針對有裂縫處進行修補，準
備塗 PU 材前徹底進行清潔動作。

STEP 5　先上一層底料

開始進行 PU 材鋪設，首先上一層底料。

鋪上玻璃纖維網防裂。圖片提供＿今硯室內設計＆今采室內裝修工程 ▶

STEP 6　再上中料與面料

上完底料後，則是上中料，中料有的會上1層有的則會上至２層（依各家廠商施作方式有所別），最後則是上面料，即完成。

PU 塗料補強。圖片提供＿今硯室內設計＆今采室內裝修工程 ▶

彈性水泥

施工步驟

STEP 1 先以彈性水泥做第一道防護

先鋪設第一層彈性水泥,讓其吃進水泥粗底裡,也作為第一道防護。

鋪設彈性水泥,作為防護。圖片提供 ▶
_劉同育空間規劃

142

▲
防水壓層打完後
面塗隔熱塗料。
圖片提供＿力口
建築

STEP 2　再鋪設第二道彈性水泥並加纖維網
接著鋪設第二道彈性水泥，並加入纖維網加強防水外，也預防地震
拉扯破壞防水結構。

STEP 3　加設黑膠做防水提升
接著則是在加入黑膠，同樣是補強其防水性，另外，轉角處宜特別
需要做加強。

STEP 4　鋪上表面材
最後則是依牆或地板所需之面材，如磁磚、木地板等，做後續的鋪
設，即完成。

1 靜置時間要充足

不論是施作那一種的防水工程，都會遇需要靜置時間的過程，要讓漏水處完全乾燥，或是讓高壓灌注的發泡劑凝固，建議靜置時間一定要充足後，再進行之後的步驟，才能讓工程更為完善。

2 高壓灌注檢查是否有打確實

高壓灌注仍是普遍常用的防水工法，可將細微裂縫完全封塞，以達止水效果，但由於是人為操作，驗收時要仔細檢查是否裂縫處都有完全打確實。

3 防水層要做試水測試

無論是室外屋頂或室內牆面、地面做完防水工程後，都要做試水測試。無論屋頂，或是室內浴室，都可以將洩水口堵住並注入水至一定高度，再來看牆內外是否有水珠或是水下降的現象產生。

4 注意洩水坡度

屋頂在鋪設 PU 防水材時，地坪一定會重新鋪一層水泥砂漿，這時要特別留意洩水坡度；另外，衛浴、廚房等，有排水需求的空間，也應留意洩水坡度問題。

Point
4

無水源也漏水
改善實例

CASE1 **無排給水管牆面仍形成壁癌**

BEFORE

▲ 無給排水管經過,壁面明顯產生了壁癌狀況。
攝影 _ 余佩樺

壁面明顯產生了壁癌狀況。

□ 屋況 CHECK

1 牆內並無走管線無滲漏問題。
2 所在環境較為潮濕。

□ 施工要注意

1 卸除表面材讓內牆結構水分完全逸散。
2 確實重做防水層。

磚材相當容易吸水，雖然說該面牆沒有給水、排水問題，也沒有靠近衛浴、廁所處，甚至其中也沒有窗戶，但仍有可能透過水泥孔縫中吸取水分，使得牆面潮濕並形成壁癌，這時局部的修補工程，就能讓壁癌問題獲得改善。

AFTER

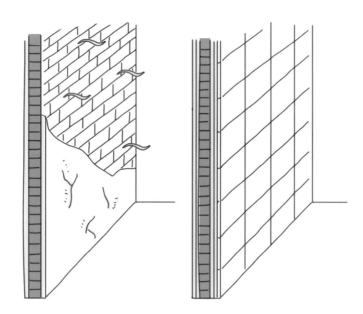

▲ 拆除壁癌牆面至紅磚，讓水氣徹底揮發，再重新上防水，批土、以表面材修飾美化牆面。
插圖繪製 _ 黃雅方

STEP 1

將問題牆面表面材卸除。

先將有水痕或壁癌的問題牆面的表面材，以鑿牆工具進行卸除，拆除至紅磚牆面後，會發現含水量高的磚材色澤較紅且濕度高。拆除後靜置幾天，當水分揮發後磚材色澤會變得較粉且濕度變低，靜置至全乾才行。

STEP 2

紅磚牆上塗抹表面材。

紅磚牆水分全揮發後，再將牆面利用抹刀將水泥砂漿分粗底及粉光覆蓋上去，復原其牆面。

STEP 3

多一道批土讓牆更整齊。

牆面利用水泥進行修補、填平後，同樣用抹刀將批土塗至牆面，讓牆壁更為平整。

STEP 4

塗上油漆面料美化牆面。

待水泥乾了後，選好原牆面的塗料，再利用塗刷工具粉刷，牆面塗刷約2～3道，即完成。

無水源也漏水
抓漏、防漏常見 NG

Point
6

插畫＿張小倫

NG 1

室內牆使用室外牆的
防水塗料

 正解！

選用適合室內、室外的防水塗料才對。

水性有分正水壓與負水壓,室內外
的防水塗料也會依據正負水壓原
理,作為塗料的成分組成,像室外
的防水塗料就能有效阻隔正水壓直
接入侵式的情況;室內表面則要加
強其防水性,適於使用抗負壓的防
水塗料,讓牆面宛如形成一個防水
膜,防止負水壓外滲出來。

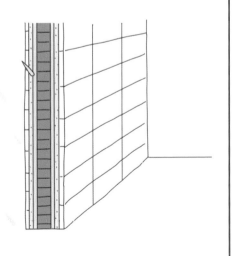

插畫＿黃雅方

NG **2**

浴室防水高度僅做
150 ～ 180 公分

 正解！

浴室防水最好全室天花、牆面、地面都做。

洗澡、淋浴時，其水蒸氣
揮發是往上延伸，若浴室
防水高度僅依據人體高度，
或常見只做 150 ～ 180 公
是不夠的，最好衛浴全室
都要做防水層。如果浴內
沒有樑的話，那高度至少
要做到天花板，若有樑至
少要做到樑底下。

插畫 _ 黃雅方

附錄

預防漏水CHECK LIST & 設計師及廠商DATA

☑ 日常生活注意

檢查點	現象	漏水預防
□ 水龍頭	水龍頭有一滴一滴的漏水現象。	要很用力才能關緊水龍頭時，就是快要開始滴水了，也就是該換新止水橡皮的時候。
□ 馬桶水箱	未使用時，馬桶水箱內的存水在晃動。	1 馬桶水箱衝水壓（拉）桿，使用有異樣或不順暢時應即檢查。 2 養成使用前察看存水有沒有晃動的習慣。
□ 水池、水塔的水箱	1 水箱周圍出現異常水漬，可能有溢流現象。 2 不用水時，抽水機馬達仍嘶嘶轉動。	1 檢查水箱有無裂縫，周圍有無異常水漬或積水。 2 掀開水箱人孔蓋，拉緊浮球時應不進水。 3 關閉所有進水出閥，查看水箱的水位，正常時水位不會降。
□ 牆壁或地面	牆壁或地面忽有潮濕情形。	1 經常巡視居家周圍，檢視外牆、窗臺或建築接壤處是否有異狀。 2 給水管上方，水表箱周圍不放置重物。 3 未使用水時，耳朵貼附水龍頭，聆聽是否發出嘶嘶聲。
□ 排水溝或陰溝	經常有清水在流動。	1 開啟陰溝蓋，查看有無漏水或嘶嘶聲。 2 查看自家水表或詢問鄰居水表有無異常轉動。
□ 屋頂或陽臺落水頭	屋頂或陽臺地面有落葉或砂土等雜物。	定期清潔並測試排水是否順暢。

裝修施工注意

檢查點	現象	漏水預防
□ 衛浴或廚房地板	敲除磁磚時破壞原有防水層，導致樓下天花板漏水。	拆除後先做一層防水打底，避免施工過程中混拌水泥砂漿或其他潑灑出來的水滲漏至樓下。
□ 地面排水管	施工過程的砂土、垃圾，掉進排水管內，會造成排水不順甚至堵塞。	以軟布確實塞住排水管出口，以免異物掉入。
□ 清洗工具的水槽	施工工具沾黏水泥、砂土，若直接排入管道間，可能造成堵塞。若為大樓，管道間被鋼筋混凝土包覆，後續處理非常麻煩花錢。	可裝設沉澱箱，收集清洗工具的汙水。也有採用強力水柱將汙水沖下的方式，讓水泥、砂土等能因強力水柱排出不致沾黏在大樓管道中。
□ 水管銜接	水管不容易破但「接點」是人為施工，比較會出狀況，如膠沒塗好或是出現小裂縫。	施工過程做精準拍照，每個接點都做標示。除了拍照也要錄影，還要外加文字說明。
	未用專用接頭。	使用同類型管或專用接頭，避免混合替代使用，否則容易產生漏水現象。
	不同材質混接，比如不鏽鋼管接 PVC 管，抗壓力係數不同，易爆管。	水管無論埋入天花板、地面或壁面，都要做好水壓測試。

避免破壞防水層

檢查點	現象	漏水預防
□ 外牆或女兒牆	受到外力影響，導致表面貼附材料局部剝落。	大雨或地震後，巡視住宅建築外牆是否有磁磚或表面材脫落。如果發現小塊剝落要及時補強。
	架設廣告招牌或帆布廣告，使用膨脹螺絲鎖入。	採用植筋工法裝設。先在外牆鑽出小洞後，清潔洞穴裡的粉屑，接著填膠（環氧樹脂）進去再植筋；植筋完畢後，整個表面還要再清乾淨，然後等待膠體乾燥、硬化。
	榕樹等行道樹種子掉落外牆發芽。	定期巡視是否有植物附著在外牆，若發現要及時連根拔除，並重新補強。
□ 屋頂	種植盆栽底部的地面長期積水受水浸潤。	種植植物可採用架高方式，避免水分淤積，從表面飾材的裂縫侵入防水層，長期下來造成防水失效。
□ 浴室	在牆面鑽洞吊掛毛巾架等。	要以矽利康填補孔洞，避免水氣透過孔洞進入牆中。

Studio APL 力口建築

台北市大安區復興南路二段 197 號 3 樓

02-2705-9983

www.sapl.com.tw

sapl2006@gmail.com

今硯室內設計 + 今采室內裝修工程

台北市南港區南港路二段 202 號 1 樓

02-2783-6128

www.facebook.com/Imagism.Design

imagism28@yahoo.com.tw

朵卡室內設計

pochouchiu.blogspot.tw

dolkar999@hotmail.com

賀澤設計

新竹縣竹北市自強五路 37 號 1 樓

03-668-1222

www.facebook.com/HOZO.design

Hozo.design@gmail.com

理揚設計

台北市大同區重慶北路一段 24 號 8 樓

02-2555-9838

www.mashup.com.tw

演拓空間室內設計

台北市松山區八德路四段 72 巷 10 弄 2 號

02-2766-2589

www.interplay.com.tw

ted@interplaydesign.net

優尼克空間設計

台北市士林區承德路 4 段 12 巷 56 號 1 樓

02-2885-5058

www.facebook.com/unique.design.com.tw

Gabriel@unique-design.com.tw

劉同育空間規劃有限公司

新北市板橋區三民路二段 153 巷 4 弄 10-4 號 5 樓

02-2963-7257

www.facebook.com/lty.interior.design

特力屋

www.i-house.com.tw

北中南東共 27 家門市

國家圖書館出版品預行編目資料

防漏除壁癌終極全書【暢銷改版】：先斷絕水源，再確實做好防水，成因、工法、材料、價格全部有解 / 漂亮家居編輯部作 . -- 二版 . -- 臺北市：城邦文化事業股份有限公司麥浩斯出版：英屬蓋曼群島商家庭傳媒股份有限公司城邦分公司發行 , 2022.11
　　面；　　公分 . -- (Solution ; 94X)
ISBN 978-986-408-870-6(平裝)

1.CST: 防水 2.CST: 壁 3.CST: 建築物

41.573　　　　　　　　　　111017735

Solution 94X

防漏除壁癌終極全書【暢銷改版】
先斷絕水源，再確實做好防水，成因、工法、材料、價格全部有解

作者	漂亮家居編輯部
責任編輯	楊宜倩
文字採訪	余佩樺 · 陳佳歆 · 蔡婷如 · 詹雅婷 · 楊宜倩
插畫繪製	黃雅方 · 張小倫
攝影	Amily · Nina · 余佩樺 · 許嘉芬 · 蔡竺玲
封面設計	莊佳芳
美術設計	王彥蘋 · 鄭若誼
活動企劃	洪擘
編輯助理	劉婕柔

發行人	何飛鵬
總經理	李淑霞
社長	林孟葦
總編輯	張麗寶
副總編輯	楊宜倩
叢書主編	許嘉芬

出版　　城邦文化事業股份有限公司麥浩斯出版
　　　　E-mail ：cs@myhomelife.com.tw
　　　　地址：104 台北市中山區民生東路二段 141 號 8 樓
　　　　電話：02-2500-7578

發行　　英屬蓋曼群島商家庭傳媒股份有限公司城邦分公司
　　　　地址：104 台北市中山區民生東路二段 141 號 2 樓
　　　　讀者服務專線：02-2500-7397；0800-033-866
　　　　讀者服務傳真：02-2578-9337
　　　　Email：service@cite.com.tw
　　　　訂購專線：0800-020-299 (週一至週五上午 09:30 ～ 12:00；下午 13:30 ～ 17:00)
　　　　劃撥帳號：1983-3516　戶名：英屬蓋曼群島商家庭傳媒股份有限公司城邦分公司

總經銷　聯合發行股份有限公司
　　　　地址：新北市新店區寶橋路 235 巷 6 弄 6 號 2 樓
　　　　電話：02-2917-8022
　　　　傳真：02-2915-6275

香港發行　城邦（香港）出版集團有限公司
　　　　　地址：香港灣仔駱克道 193 號東超商業中心 1 樓
　　　　　電話：852-2508-6231
　　　　　傳真：852-2578-9337

馬新發行　城邦（馬新）出版集團 Cite(M) Sdn.Bhd.
　　　　　地址：41, Jalan Radin Anum, Bandar Baru Sri Petaling,57000 Kuala Lumpur, Malaysia
　　　　　電話：603-9057-8822
　　　　　傳真：603-9057-6622

製版印刷　凱林彩印股份有限公司
　　　　　版次：2022 年 11 月二版一刷

定價：新台幣 399 元
Printed in Taiwan

著作權所有 · 翻印必究 (缺頁或破損請寄回更換)